职业教育机械设计制造类专业系列教材

机械加工技术

主　编　屈红奎　苏英林

副主编　项阳洋

科学出版社

北　京

内 容 简 介

本书是根据教育部 2014 年颁布的《中等职业学校专业教学标准》中机械加工技术专业教学标准，同时参考加工制造类岗位职业资格标准编写而成。全书以任务驱动为教学法，以具体的工作任务为载体，将知识点融入任务中，使学生掌握基本理论知识的同时，提高自身分析并解决问题的实践能力。

全书共有八个项目、十九个任务，包括机械加工技术基础、金属切削的基本知识、车削加工技术、铣削与刨削加工技术、钻削和镗削加工技术、磨削加工技术、滚齿与插齿加工技术、其他先进加工技术等内容。

本书既可作为中等职业学校机械设计制造类专业教材，也可作为相关行业岗位培训和技术人员自学用书。

图书在版编目（CIP）数据

机械加工技术 / 屈红奎，苏英林主编. —北京：科学出版社，2021.11
ISBN 978-7-03-067646-7

Ⅰ. ①机…　Ⅱ. ①屈…　②苏…　Ⅲ. ①金属切削　Ⅳ. ①TG506

中国版本图书馆 CIP 数据核字（2020）第 270241 号

责任编辑：陈砺川　赵玉莲 / 责任校对：王　颖
责任印制：吕春珉 / 封面设计：东方人华平面设计部

科学出版社 出版
北京东黄城根北街 16 号
邮政编码：100717
http://www.sciencep.com
天津翔远印刷有限公司 印刷
科学出版社发行　　各地新华书店经销
*
2021 年 11 月第 一 版　　开本：787×1092　1/16
2021 年 11 月第一次印刷　　印张：8 3/4
字数：207 000
定价：32.00 元
（如有印装质量问题，我社负责调换〈翔远〉）

销售部电话 010-62136230　编辑部电话 010-62135120-2057

前 言

本书根据教育部关于中等职业教育机械设计制造类专业的培养目标编写而成，以培养技能型人才为出发点，坚持"以就业为导向，以能力为本位，以项目为载体"和"且工且读，心手并劳"的指导思想。在内容上，针对中职学生的特点，遵循实用、够用的原则，删繁就简、循序渐进，力求使学生容易理解和掌握。

本书的特色是项目引领、任务驱动、内容新颖。本书主要为学生的自主学习设计，以项目为主导，以学生为主体，以培养学生的学习能力为主线。方便学生自主学习，激发学生学习兴趣，增强教材的可读性。全书分为八个项目，每个项目下的任务都按"任务目标""任务要求""任务分析"的体例编写，从提出问题到解决问题，循序渐进，不断提高，通过完成任务使学生既能掌握相关机械知识，又能掌握机械相关技能，让学生在轻松愉快的氛围中完成学习。

全书参考学时为 104 学时，学时具体分配见下表。

学时分配表

项目	任务	学时
机械加工技术基础	机械加工的基本概念	2
金属切削的基本知识	切削运动和切削用量	6
	切削力和切削热	6
	切削液	4
车削加工技术	认识车床	6
	认识车刀	4
	车削加工	6
	车床的保养及常见故障的排除	6
铣削与刨削加工技术	认识铣床	6
	铣削加工	6
	刨床及刨削加工	6
钻削与镗削加工技术	钻削加工	6
	镗削加工	6
	认识麻花钻	6
磨削加工技术	认识磨床	6
	磨削加工	6
滚齿与插齿加工技术	滚齿加工	6
	插齿加工	6
其他先进加工技术	数控加工技术	4

本书由屈红奎、苏英林任主编，项阳洋任副主编，其中项目一和项目二由苏英林编写；项目三和项目四由屈红奎编写；项目五和项目六由项阳洋编写；项目七和项目八由卢丹编写。屈红奎负责全书统稿，苏英林负责全书审校。

目　　录

项目一

机械加工技术基础

项目描述 ◀◀◀

　　机械制造过程中所涉及的技术称为机械加工技术，包括以材料成型为核心的金属与非金属材料成型技术、以切削加工为核心的加工和装配技术以及其他加工技术。本项目要求学生掌握必要的机械加工基础知识和技能，学习机械加工中的一些基本概念，如生产过程、工艺过程、机械加工工艺规程等。

项目目标 ◀◀◀

1. 了解机械加工的基本概念。
2. 熟悉简单零件的机械加工工艺规程。

任务 机械加工的基本概念

任务目标▶

1. 初步认识机械加工工艺规程。
2. 学会安排简单零件的工艺。
3. 尝试制订简单零件的加工工序。
4. 能读懂简单零件的加工工序图。

任务要求▶

本节主要认识机械加工工艺规程，能读懂简单零件的加工工序图，并能给简单零件制订加工工序。

任务分析▶

一、概述

机械制造业在国民经济的各生产领域中占有极其重要的地位，为国家提供各种必要的生产技术装备，加快发展机械制造业，迅速提高生产技术水平，对国家的经济发展具有重要意义。

机械加工技术是指通过机械设备对工件的外形尺寸或性能进行改变的过程，按加工方式上的差别可分为切削加工和压力加工，目前加工技术主要以切削加工为主。

在生产过程中，凡是改变生产对象的形状、尺寸、位置和性质等，使其成为成品或半成品的过程，称为工艺过程。为了更好地科学管理，通常把合理的工艺过程中的各项内容编写成文件，利用编写成的文件指导生产，这类规定工件工艺过程和操作方法等的工艺文件称为机械加工工艺规程，简称工艺规程。工艺规程制订得是否合理，直接影响工件的质量、劳动生产率和经济效益。

因为不同类型工厂的设备、精度以及工人的技术熟练程度等因素不相同，所以对于同一种工件来说，不同的工厂有不同的工艺规程。一个工件可以用几种不同的加工方法制造，但在一定的条件下，只有某一种方法是比较合理的。因此，必须从实际出发，根据设备条件、生产类型、工人的技能等具体情况，尽量采用先进的加工方法，制订出合理的工艺规程。

工艺规程包括机械加工工艺过程卡片、机械加工工序卡片、检验卡片等，如图 1-1～图 1-3 所示。

机械加工工艺过程卡片

机械加工工艺过程卡片		产品型号			零件图号			总 1 页	第 1 页
		产品名称			零件名称			共 1 页	第 1 页
材料牌号		毛坯种类		毛坯外形尺寸		每毛坯可制件数		每台件数	备注
工序号	工序名称	工序内容			车间	工段	设备	工艺装备	工时
									准终	单件
						设计(日期)	审核(日期)	标准化(日期)	会签(日期)
标记	处数	更改文件号	签字	日期	标记	处数	更改文件号	签字	日期

描 图	
描 校	
底图号	
装订号	

图 1-1　工艺过程卡片

机械加工技术

机械加工工序卡片

| | 产品型号 | | 零件图号 | | | 总 1 页 第 1 页 |
| 产品名称 | | 零件名称 | | | 共 1 页 第 1 页 |

车间	工序号	工序名称	材料牌号
毛坯种类	毛坯外形尺寸		每台件数
设备名称	设备型号	设备编号	同时加工件数
夹具编号	夹具名称		切削液
工位器具编号	工位器具名称		工序工时 准终 单件

| 工步号 | 工步内容 | 工艺设备 | 主轴转速 (r/min) | 切削速度 (m/min) | 进给量 (mm/r) | 切削深度 mm | 进给次数 | 工步工时 机动 辅助 |

| | | | | | 设计(日期) | 审核(日期) | 标准化(日期) | 会签(日期) |

描图

描校

底图号

装订号

| 标记 | 处数 | 更改文件号 | 签字 | 日期 | 标记 | 处数 | 更改文件号 | 签字 | 日期 |

图 1-2 工序卡片

4

检验卡片		产品型号		零件图号		总 1 页 第 1 页
		产品名称		零件名称		共 1 页 第 1 页
工序号	工序名称	车间	检验项目	技术要求	检验手段	检验方案	检验操作要求

描图				
描校				
底图号				
装订号				

标记	处数	更改文件号	签字	日期	标记	处数	更改文件号	签字	日期	设计(日期)	审核(日期)	标准化(日期)	会签(日期)

图 1-3 检验卡片

二、机械加工生产过程与工艺过程

1. 生产过程

机械产品的生产过程是指从产品投产前一系列生产技术组织工作开始，直到把合格产品生产出来的全部过程。它包括原材料的运输和保存，产品的技术准备和生产准备，毛坯的制造，零件的机械加工及热处理，产品的装配、调试、检验、包装等过程。因此，生产过程既是产品制造过程，又是物化劳动（劳动资料和劳动对象）和活劳动的消耗过程。

2. 工艺过程

在生产过程中，劳动者利用各类生产工具对原材料、半成品采用机械加工方法使其改变形状、大小尺寸、相对位置和性质等，让其成为成品或半成品的过程称为机械加工工艺过程，简称工艺过程。机械加工工艺过程是机械加工生产过程的主体。

机械加工生产过程与工艺过程的关系如图1-4所示。

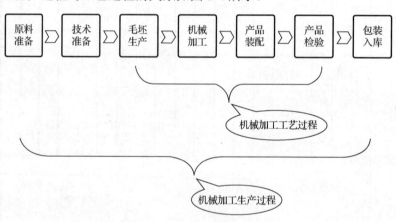

图1-4　机械加工生产过程与工艺过程的关系

三、工艺过程的组成

机械加工工艺过程由一道或若干道工序组成，每道工序又分别由安装/工位、工步、进给组成，如图1-5所示。通过这些工序对工件进行加工，将毛坯逐步加工成合格的零件。工序是工艺过程的基本单元，也是编制生产计划和进行成本核算的基本依据。

1. 工序

工序是指一个或一组工人，在一个工作地或一台机床上对一个或同时对几个工件连续完成的那一部分工艺过程。工序是组成机械加工工艺过程的基本单元，也是工厂生产计划的基本单元。划分工序的主要依据是工作地点是否变化和一个工件不同表面加工过程是否连续。例如，在一台机床上加工一批阶梯轴，第一种方式是对每一根阶梯轴分别进行粗加工和精加工；第二种方式是先对整批台阶轴进行粗加工，接着再对它们进行精加工。在第一种方式下，机械加工只包括一个工序；在第二种方式下，由于同一根台阶轴在加工过程的连续性中断，虽然加工过程是在同一台机床设备上进行的，但是却包括两个工序。

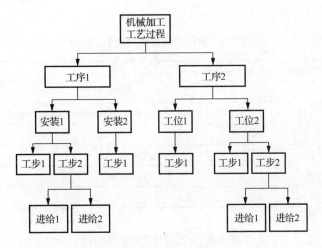

图 1-5　机械加工工艺过程

单件小批量生产方式与大批量生产方式都是机械生产中典型的生产方式。以图 1-6 所

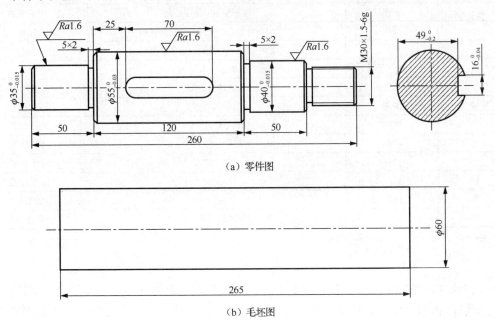

（a）零件图

（b）毛坯图

图 1-6　阶梯轴

示阶梯轴零件为例，单件小批量生产时，所有车削和磨削内容集中在一台车床和一台磨床上进行，工艺过程包含一个车削工序与一个磨削工序。大批量生产时，车削内容被分到三台设备上进行，三个外圆面的磨削也由三台磨床完成，工作地点发生了变化，所以工艺过程包括三个车削工序与三个磨削工序。

图 1-6 所示阶梯轴零件按单件小批量生产类型制订的工艺过程见表 1-1，按大批量生产类型制订的工艺过程见表 1-2。

表 1-1 单件小批量生产的工艺过程

工序号	工序名称	工序内容	工作地
0	下料	ϕ60mm×265mm	锯床
1	车削	车削两端面，钻中心孔，车削外圆，切槽及倒角，车螺纹	车床
2	热处理	调质 28～32HRC	热处理车间
3	磨削	磨削外圆	外圆磨床
4	铣削	铣削键槽	键槽铣床
5	检验	按图纸要求检验	检验台

表 1-2 大批量生产的工艺过程

工序号	工序名称	工序内容	工作地
0	下料	ϕ60mm×265mm	锯床
1	车削	车削两端面，钻中心孔	中心孔机床
2	车削	车削右端面三个外圆，切槽及倒角	车床
3	车削	车削左端面一个外圆，切槽及倒角	车床
4	热处理	调质 28～32HRC	热处理车间
5	研磨	研磨中心孔	钻床
6	磨削	磨削外圆 ϕ55	外圆磨床
7	磨削	磨削外圆 ϕ40	外圆磨床
8	磨削	磨削外圆 ϕ35	外圆磨床
9	铣削	铣削键槽	键槽铣床
10	铣削	铣削螺纹	螺纹铣床
11	研磨	去毛刺	钳工台
12	检验	按图纸要求检验	检验台

2. 安装

在机械加工的工序中，工件在设备上或在夹具装夹中获得一个正确而固定位置的过程，称为安装，包括工件夹紧和定位两部分内容。有时，工件在机床上需经过多次装夹才能完成一个工序的工作内容。加工图 1-6 所示阶梯轴，在车床上加工轴的端面时，先从一端加工出部分表面，然后再调头安装加工另一端，这时的工序内容就包括两次安装。为了减少安装带来的误差，在加工中应尽量减少零件安装次数。

3. 工位

通常采用转位（或移位）夹具、回转工作台或多轴机床加工，工件在机床上一次安装后，经过若干个位置依次进行加工，工件在机床上所占据的每一个位置上所完成的那一部分工序就称为工位。简单来说，工件相对于机床或刀具每占据一个加工位置所完成的那部分工序内容，称为工位。为了减少由于多次安装带来的误差和时间损失，加工中常采用回转工作台、回转夹具或移动夹具，使工件在一次

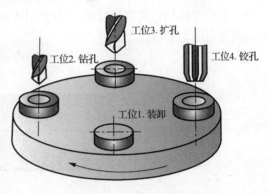

图 1-7 多工位加工图

安装中，先后处于几个不同的加工位置，这种加工方式称为多工位加工。多工位加工既减少了安装次数，又因各工位的加工与装卸是同时进行的，从而节约了安装时间，提高了生产效率。多工位加工图如图 1-7 所示。

4. 工步

在加工表面不变、加工工具不变的条件下，所连续完成的那一部分工序内容称为工步。每道工序可包括一个工步或多个工步。为了提高生产效率，用几把刀具同时加工几个加工表面的工步，称为复合工步。在工艺文件上，复合工步可当作一个工步。组合铣床加工平面复合工步如图 1-8 所示。

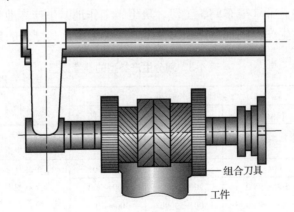

图 1-8 组合铣床加工平面复合工步

5. 进给

进给（又称工作行程）是指刀具相对工件加工表面进行一次切削所完成的那部分工作。每个工步可包括一次进给或多次进给。图 1-9 所示为从 A 到 B 的多次进给切削过程，该过程就是由多个进给组合而成。

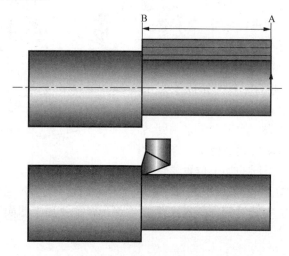

图 1-9 从 A 到 B 的多次进给切削过程

四、生产类型及其特征

1. 生产类型

生产类型是指企业（或车间、工段、班组、工作地）生产专业化程度的分类，按生产数量一般分为单件生产、成批生产和大量生产三种类型，其划分的参考数据见表 1-3。

表 1-3 划分生产类型的参考数据

生产类型		零件的年产量/件			特点	应用
		轻型工件	中型工件	重型工件		
单件生产		<100	<10	<5	生产的产品类型繁多，且很少重复	新产品试制
成批生产	小批	100～500	10～200	5～100	生产的品种很多，每一种产品都有一定的数量，有重复生产	通用机床制造、电动机制造等
	中批	500～5000	200～500	100～300		
	大批	5000～50000	500～50000	300～1000		
大量生产		>50000	>5000	>1000	产品种类较少但数量很多	自行车、螺钉、螺帽等

1）单件生产产品的种类繁多不定，数量极少，少至一件，多则几十件，工作地的加工对象经常改变，很少重复。例如，新产品试制、专业设备制造、专用工具制造、重型机械制造等都属于单件生产类型。

2）成批生产的产品种类比较少，但同一产品的产量比较大，一年中产品周期性地成批投入生产，工作地的加工对象周期性地更换。一次投入或产出同一产品的数量称为生产批量。根据批量的大小，成批生产又可分为小批生产、中批生产和大批生产。小批生产工艺过程的特点与单件生产类似，大批生产工艺过程的特点与大量生产类似，中批生产工艺过程的特点则介于单件、小批生产与大批、大量生产之间。例如，通用机床的制造属于中批生产，飞机、航空发动机制造大多属于小批生产。

　　3）大量生产产品的产量很大，大多数工作地经常重复地进行某一工序的加工。例如，汽车、自行车、轴承的制造通常属于大量生产类型。

　　2. 各种生产类型的工艺特征

　　各种生产类型具有不同的工艺特征，具体情况见表 1-4。在制订工艺过程时，必须考虑不同生产类型的工艺特征，以取得最大的经济效果。

表 1-4　各种生产类型的工艺特征

工艺特征	生产类型		
	单件、小批生产	中批生产	大批生产
工件数量	少	中等	大量
加工对象	经常变换	周期性变换	固定不变
毛坯制造	毛坯精度低，加工余量大	毛坯精度中等，加工余量中等	毛坯精度高，加工余量小
机器设备	采用通用机床	采用部分通用和部分专用机床	采用专用机床
工艺装配	采用通用刀夹具等	采用部分通用和部分专用刀夹具	采用专用刀夹具
装夹方法	找正装夹	夹具装夹或找正装夹	夹具装夹
加工方法	采用试切加工	采用调整法加工	采用调整法自动化加工
装配方式	钳工装配	采用互换性装配，保留一些钳工装配	全部采用互换性装配，不需钳工装配
对人员的技术要求	技术熟练，水平较高	需要一定熟练程度	一般操作技术工人的技术要求
工件的互换性	没有互换性，一般配对制造	大部分互换性，少数用钳工修配	全部要求互换性，精度要求高
工艺技术文件	简单的工艺过程	有工艺规程	有详细的工艺规程
生产率	低	较高	高
经济性	生产成本高	生产成本较低	生产成本低

──────── 巩固训练 ────────

　　加工图 1-10 所示轴承套，将生产轴承套的加工工艺过程填入表 1-5 中。

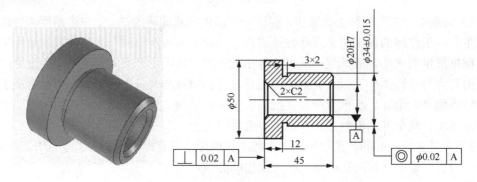

图 1-10 轴承套

表 1-5 轴承套的加工工艺过程

工序号	工序名称	工序内容	工作地

项目二

金属切削的基本知识

项目描述 ◀◀◀

　　金属切削加工在工业生产中占有非常重要的地位。金属切削加工，通常又称为机械加工，是通过刀具与工件之间的相对运动，从毛坯上切除多余的金属，从而获得合格零件的加工方法。本项目主要介绍金属切削加工过程中切削运动和切削用量、切削力和切削热、切削液等金属切削加工的基础知识。

项目目标 ◀◀◀

1. 了解切削运动和切削用量。
2. 熟悉切削力和切削热。
3. 熟悉切削液对机械加工的作用。

机械加工技术

任务一　切削运动和切削用量

任务目标▶

1. 理解切削运动的基本概念。
2. 能找出常见切削加工的切削运动。
3. 能熟练地找到机械加工过程中的三种表面。
4. 会计算切削用量。

任务要求▶

金属切削在机械加工中占有重要地位，本节学习几种常见的切削运动，要求能简单地计算切削用量。

任务分析▶

本任务主要介绍金属切削加工过程中的切削运动和切削用量。通过对生产中常见的切削加工方式，如车削、铣削、刨削、磨削、钻削等进行分析，找出不同加工方式加工过程中的主运动、进给运动以及三种表面。通过学习车削外圆，了解切削三要素并会计算切削用量。

一、切削运动

切削运动是一种表面成形运动，是刀具与工件间的相对运动，可分解为主运动和进给运动。主运动和进给运动共同相互作用加工出完整的加工表面。

1. 主运动

主运动是切削过程中进行切削的基本运动。主运动只有一个，在切削运动中主运动的速度最高、消耗的功率最大。

2. 进给运动

进给运动是指令工件的多余材料连续地被切削，从而完成加工完整表面所需的运动。进给运动可以有一个或多个，其速度一般小于主运动的速度，消耗的功率也较少。

除主运动和进给运动外，进刀运动、推刀运动、分度运动、工作台的升降运动等均称为辅助运动。

14

3. 工件切削过程中的表面

在金属切削过程中，工件和刀具之间会产生不同的相对运动，在表面形成的过程中，工件上一般会形成三个表面。

1）待加工表面。工件上有待被切除金属层的表面。

2）过渡表面。切削刃正在对工件材料切削着的表面。由于切削刃随着切削运动的位置不断变化，因此，过渡表面也随着切削刃位置的移动而移动。

3）已加工表面。工件上已被刀具切除多余金属后形成的工件新表面。

常见切削加工方法的切削运动见表 2-1。

表 2-1 常见切削加工方法的切削运动

名称	图例	主运动	进给运动	形成表面
车外圆		1——工件的回转	2——车刀的纵向移动	3——待加工表面 4——过渡表面 5——已加工表面
铣平面		1——刀具的回转运动	2——工件的纵向移动	3——待加工表面 4——过渡表面 5——已加工表面
刨平面		1——刨刀的往复直线运动	2——工件的横向间歇移动	3——待加工表面 4——过渡表面 5——已加工表面
磨外圆		1——砂轮的回转运动	2——工件的回转和纵向往复直线移动	磨削外圆时情况与车外圆类似，因磨削时背吃刀量小，故三个表面间的区分不太明显

续表

名称	图例	主运动	进给运动	形成表面
钻孔	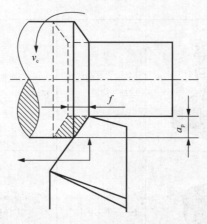	1——钻头的回转运动	2——钻头的轴向移动	3——待加工表面 4——过渡表面 5——已加工表面

二、切削用量

切削用量是指在切削加工过程中各运动参数的总称，包括切削速度 v_c、进给量 f（或进给速度 v_f）和背吃刀量 a_p 三要素。车削外圆时的切削用量示意图如图 2-1 所示。

图 2-1　车削外圆时的切削用量示意图

1. 切削速度 v_c

切削速度是切削加工时刀具切削刃上的选定点相对于工件待加工表面在主运动方向上的瞬时速度。简单地说，就是切削刃选定点相对于工件主运动的瞬时速度（线速度），通常选定点为线速度最大的点。

切削速度 v_c 计算公式如下：

$$v_c = \frac{\pi n d_w}{1000}$$

式中，v_c——切削速度，m/min；

d_w——工件待加工表面最大直径，mm；

n——工件或刀具转速，r/min。

2. 进给量 f

进给量是指刀具在进给运动方向上相对工件的位移量，即刀具或工件的主运动每转一转或一个往复行程，工件或刀具在进给运动方向上的相对位移量。

进给速度的计算公式如下：

$$v_f = f \cdot n = f_z \cdot z \cdot n$$

式中，v_f——进给速度，mm/s（mm/min）；

f_z——每齿进给量，mm/齿；

z——刀齿数。

3. 背吃刀量 a_p

背吃刀量是指已加工表面和待加工表面之间的垂直距离，以 a_p 表示，背吃刀量单位为mm。车外圆的背吃刀量如图 2-1 所示。

外圆柱表面车削的背吃刀量可用下式计算：

$$a_p = \frac{d_w - d_m}{2}$$

式中，d_w——工件待加工表面最大直径，mm；

d_m——已加工表面外圆直径，mm。

———————————— 巩固训练 ————————————

车外圆时工件加工前直径为 60mm，加工后直径为 50mm，工件转速为 4r/s，刀具每秒沿工件轴向移动 2mm，工件加工长度为 100mm，切入长度为 2mm，求：切削速度 v_c、进给量 f 和背吃刀量 a_p。

任务二　切削力和切削热

任务目标▶

1. 了解总切削力及其分力之间的关系。

2. 理解常见影响总切削力的因素。

3. 会使用合理方法降低切削温度。

切削加工过程中，切削温度是如何产生的呢？切削温度对切削有什么影响呢？

一、切削力

1. 总切削力

刀具在切削金属工件时，刀具切入工件，使工件材料发生变形，所产生的共同作用于刀具上的合力称为总切削力 F。总切削力来源于三个方面：克服被加工材料对刀具弹性变形和塑性变形的压力；克服被加工材料对塑性变形和弹性变形的压力；克服材料切屑对刀具前刀面的摩擦力和刀具后刀面对工件过渡表面与已加工表面之间的摩擦力，如图 2-2 所示。

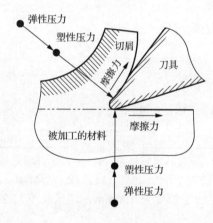

图 2-2　总切削力的来源

2. 总切削力的分力

总切削力是一个空间矢量，在切削过程中，它的方向和大小不易直接给出，为了便于研究和分析切削加工时它对工件和刀具等的影响，通常将切削力分解成三个相互垂直的切削分力 F_c、F_p、F_f。车外圆时切削力的分解图如图 2-3 所示。

1）主切削力 F_c。主切削力是总切削力 F 在主运动方向上的分力，与切削速度 v_c 方向一致。它所消耗的功率最大，约占总消耗功率的 95%。

2）背向力 F_p。背向力是总切削力 F 在垂直于工作平面方向上的分力，车外圆时，刀具与工件在这个分力的方向上没有相对运动，所以不做功。

3）进给力 F_f。进给力是总切削力 F 在进给运动方向上的分力，与进给速度 v_f 方向一致，由于进给力和进给速度远小于切削速度和切削力，所以它消耗的功率也很小，约占总消耗功率的 5%。

三个分力与合力之间的关系总是符合以下规律：

$$F = \sqrt{F_c^2 + F_p^2 + F_f^2}$$

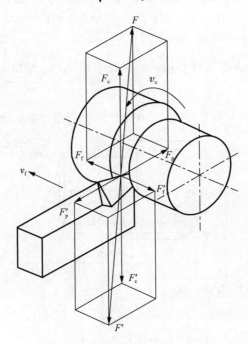

图 2-3　车外圆时切削力的分解图

3. 影响总切削抗力的因素

总切削抗力指的是工件材料在切削加工时抵抗刀具切削产生的阻力。在实际生产加工中，影响总切削抗力的因素有很多，主要有工件材料、切削用量、刀具角度、切削液等。

（1）工件材料

工件材料强度越大，硬度越高，越难切削，总切削抗力（F'）越大。但是总切削抗力的大小不单纯受工件原始强度和硬度的影响，还与其他因素有关。通常情况下，塑性和韧性越好的材料，总切削抗力就越大。

（2）切削用量

背吃刀量 a_p 和进给量 f 增大时，切削层的面积也会增大，切下的切屑增加，变形抗力和摩擦力增大，总切削抗力增大。

（3）刀具角度

1）刀具的前角增大，被切层材料所受挤压变形和摩擦力减小，排屑顺畅，切削抗力减小。

2）刀具的后角增大，刀具的后刀面与工件过渡表面和已加工表面的挤压变形和摩擦力减小，切削抗力减小。

3）主偏角 k_r 大小对主切削抗力 F_c' 影响较小，但对背向抗力 F_p' 和进给抗力 F_f' 的影响会很明显，如果增大主偏角会使进给抗力 F_f' 增大，背向抗力 F_p' 减小，如图 2-4 所示。例如，在车削细长轴时，可以利用增大主偏角 k_r 的方法来减小或防止切削时工件的弯曲变形。

（4）切削液

切削液在切削过程中具有润滑作用，可以减小切削力、摩擦阻力和功率消耗，影响总切削抗力。

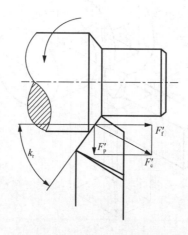

图 2-4　主偏角 k_r 的影响

二、切削热

1. 切削热与切削温度

材料在被刀具切削时，由于被切削材料层的变形、分离及刀具和被切削材料间的摩擦而产生的热量称为切削热。切削过程中，切削区域的温度称为切削温度。

虽然切削过程中产生的切削热大部分由切屑带走，传入刀具的切削热只占小部分，但是由于刀具切削部分（尤其刀尖部位）体积很小，此部分温度很容易升高。在高速切削时刀片的温度可高达 1000℃ 以上，温度过高将会导致刀具材料软化，切削性能降低，刀具磨损加快，进而影响加工质量和刀具寿命。传入工件的切削热会导致工件受热伸长和膨胀，影响加工精度。例如，在加工细长轴、薄壁套和精密零件时，要注意切削热对工件引起的热变形，所以在生产中要合理控制切削温度。

2. 减少切削热的工艺措施

（1）合理选择切削用量

背吃刀量和进给量对切削温度的影响很小，而切削速度对切削温度的影响很大，因此在选择切削用量时，应选择大的背吃刀量、较小的进给量和低的切削速度。

（2）合理选择刀具角度

当刀具前角增大时，刀具和材料之间的挤压变形和摩擦力减小，从而切削热减少，切削温度降低。但当前角大于20°后，对切削温度的影响减小。

当刀具主偏角减小时，切削刃工作长度增加，切削宽度增大，切削厚度减小，散热条件改善，故切削温度下降。从降低切削温度的角度来看，主偏角应取较小值。

（3）合理选用切削液

合理选用切削液，可以有效地减小切削过程中的摩擦阻力，改善散热条件。

———————————————— 巩固训练 ————————————————

用90°车刀在车床上加工如图2-5所示阶梯轴 ϕ30mm 的外圆。根据切削参数完成表2-2中的内容任务，并记录切削过程。

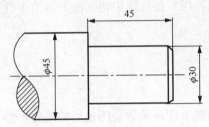

图2-5 车削阶梯轴

表2-2 阶梯轴的切削过程

序号	$n/$（r/min）	a_p/mm	切屑变化	工件发热程度
1	500	1		
2	800	1		
3	500	2		
4	800	2		
5				
6				
7				
8				

机械加工技术

任务三 切削液

任务目标▶

1. 熟悉切削液的作用。
2. 了解切削液的种类。
3. 会合理选用切削液。

任务要求▶

切削液对切削有什么作用？如何选用切削液？本节主要学习切削液对切削的影响。

任务分析▶

一、切削液的作用

在切削加工中为了提高工件质量效果所使用的液体，称之为切削液。切削液主要起到以下几种作用。

1. 冷却作用

切削液可以降低切削温度，提高刀具耐用度，减小工件热变形，保证加工质量。一般情况下，可降低切削温度 50～150℃。

2. 润滑作用

使用切削液可以减小切屑与前刀面、工件与后刀面的摩擦，降低切削力和切削热并限制积屑瘤和鳞刺的产生。一般的切削液在 200℃ 左右就会失去润滑能力，如在切削液中加入极压添加剂，在高温（600～1000℃）、高压（1470～1960MPa）条件下也可以起润滑作用，这种润滑作用叫作极压润滑。

3. 清洗和排屑作用

一定压力的切削液可以将黏附在工件、刀具和机床上的切屑粉末冲洗干净。

4. 防锈作用

防止机床、工件、刀具受周围介质（水分、空气、手汗）的腐蚀。

二、切削液的分类

切削液主要分为两大类：水基切削液和油基切削液。常用的水基切削液有水溶液和乳化液，常用的油基切削液即切削油。

1. 水溶液

水溶液的主要成分是水。由于水的导热系数是油导热系数的三倍，因此它的冷却性能好。在其中加入一定量的防锈和油性添加剂，还能起到一定的防锈和润滑作用。

2. 乳化液

1）普通乳化液。它是由防锈剂、乳化剂和矿物油配制而成。清洗和冷却性能好，兼有防锈和润滑性能。

2）防锈乳化液。在普通乳化液中，加入大量的防锈剂，其作用与普通乳化液相同，通常用于防锈要求严格的工序和气候潮湿的地区。

3）极压乳化液。在乳化液中添加含硫、磷、氯元素的极压添加剂，能在切削时的高温、高压下形成吸附膜，起润滑作用。

3. 切削油

1）矿物油。有5#、7#、10#、20#、30#机械油和柴油、煤油等，适用于一般润滑。

2）动、植物油及复合油。动、植物油有豆油、菜籽油、棉籽油、蓖麻油、猪油等；复合油是由动物油、植物油、矿物油三种油混合而成，具有良好的边界润滑性。

3）极压切削油。它是以矿物油为基础，加入油性、极压添加剂和防锈剂而成，具有动、植物油良好的润滑性能和极压润滑性能。

三、切削液的选择

合理选用切削液，可以有效地减小切削过程中的摩擦阻力，改善散热条件，从而降低切削力和切削温度，提高刀具耐用度、切削效率和已加工表面质量，降低产品的加工成本。随着科学技术和机械加工工业的不断发展，特别是大量的难切削材料的应用和对产品零件越来越高的加工质量要求，给切削加工带来了难题。为了使这些难题获得解决，除合理选择别的切削条件外，合理选择切削液也尤为重要。

1. 选择原则

（1）根据工件材料选择

① 铸铁、青铜在切削时，一般不用切削液，而在精加工时选用煤油。

② 切削铝时，用煤油。

③ 切削有色金属时，不宜用含硫的切削液。

④ 切削镁合金时，用矿物油。

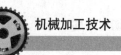

⑤ 切削一般钢时，用乳化液。

⑥ 切削难切削材料时，应采用极压切削液。

（2）根据工艺要求和切削特点选择

① 粗加工时，应选冷却效果好的切削液。

② 精加工时，应选润滑效果好的切削液。

③ 加工孔时，应选用浓度大的乳化液或极压切削液。

④ 深孔加工时，应选用含有极压添加剂浓度较低的切削液。

⑤ 磨削时，应选用清洗作用好的切削液。

⑥ 用硬质合金、陶瓷、聚晶金刚石（PCD）、聚晶立方氮化硼（PCBN）刀具切削时，一般不用切削液。一定要用时，必须自始至终地供给。PCBN 刀具在切削时，不能用水质切削液，因为 PCBN 在 1000℃以上高温时，会与水起化学反应。

2. 加工碳钢工件时切削液的选择

① 粗加工。用 3%～5%的乳化液；10%铅油或红丹粉加 90%机械油，用于粗车蜗杆。

② 精加工。用 10%～20%的乳化液；10%～15%极压乳化液。硫化棉籽油的切削油。20%氯化石蜡加 80%变压器油或 30%豆油加 20%煤油加 50%高速机械油，用于精车丝杠。20% CCl_4 加 80%机械油，用于精车蜗杆。

③ 拉削、攻丝、铰孔。用 10%～20%的极压乳化液；含氯的切削油；含硫、氯的切削油。含硫化棉籽油的切削油；含硫、氯、磷的切削油；30%煤油加 70%机械油，用于光刀；MoS_2 与机械油混合，用于攻丝。

④ 滚齿、插齿。用 10%～20%的极压乳化液；含硫、磷、氯的极压切削油。

⑤ 钻孔。用 3%～5%的乳化液。

———— 巩固训练 ————

简述切削液的种类和主要作用，并填入表 2-3 中。

表 2-3　切削液的种类和主要作用

序号	种类	主要作用
1		
2		
3		
4		
5		
6		
7		
8		
9		

项目三

车削加工技术

项目描述 ◀◀◀

车削是在车床上通过夹具和车刀,利用工件的旋转运动和刀具的移动来改变毛坯形状和尺寸,将其加工成所需零件的一种切削加工方法。在车床上还可用钻头、扩孔钻、铰刀、丝锥、板牙和滚花工具等进行相应的加工。

本项目主要介绍了 CA6140 型普通卧式车床的型号和结构;车刀的种类、用途、组成、角度、常用材料以及刃磨方法;车削加工中定位基准的选择、车刀安装注意事项、不同车床夹具装夹特点;车床的日常保养、常见故障原因及排除方法等内容。

项目目标 ◀◀◀

1. 了解车床结构及各部件的作用。
2. 熟悉车刀的结构和用途,能够正确刃磨车刀。
3. 熟悉车削加工的基本方法。
4. 掌握车床的保养及常见故障的排除。

任务一　认识车床

任务目标▶

1. 认识普通卧式车床。
2. 熟悉卧式车床的结构及作用。

任务要求▶

认识机床的结构，了解各组成结构的作用。

任务分析▶

在机械加工中，车床的种类很多，其中卧式车床使用最为广泛。本节主要讲述 CA6140 型普通卧式车床各组成结构的作用。

CA6140 型普通卧式车床是普通精度级的万能机床，它适用于加工各种轴类、套筒类和盘类零件上的内外回转表面以及车削端面。它还能加工各种常用的公制、英制、模数制和径节制螺纹以及钻孔、扩孔、铰孔、滚花等工作。

一、车床型号及主要参数

车床是主要用车刀对旋转的工件进行车削加工的机床。在车床上还可用钻头、扩孔钻、铰刀、丝锥、板牙和滚花工具等进行相应的加工。

以 CA6140 型普通卧式车床为例，型号中各字母及数字含义如下。

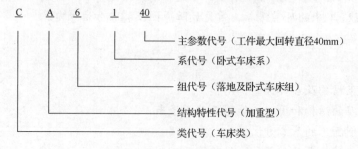

二、车床结构

CA6140 型普通卧式车床主要由主轴箱、卡盘、刀架、尾座、床身、床脚、光杠、丝杠、溜板箱、进给箱、交换齿轮箱等结构组成。CA6140 型普通卧式车床各组成结构如图 3-1 所示。

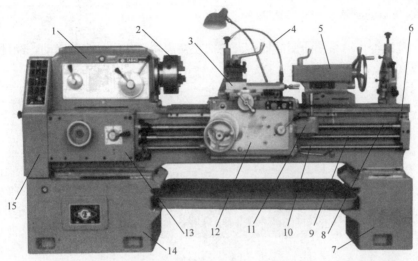

1—主轴箱；2—卡盘；3—刀架；4—冷却管；5—尾座；6—床身；7、14—床脚；8—丝杠；
9—光杠；10—操纵杆；11—快移机构；12—溜板箱；13—进给箱；15—交换齿轮箱。

图 3-1　CA6140 型普通卧式车床各组成结构

1. 主轴箱（主轴变速箱）、卡盘

主轴箱的作用是支撑主轴，带动工件做旋转运动。箱外有手柄，变换手柄位置可使主轴得到多种转速。卡盘装在主轴上，卡盘夹持工件做旋转运动，如图 3-2 所示。

2. 交换齿轮箱（挂轮箱）

交换齿轮箱接受主轴箱传递的转动，并传递给进给箱。更换箱内的齿轮，配合进给箱变速机构，可以车削各种导程的螺纹，并满足车削时对纵向和横向不同进给量的需求，如图 3-3 所示。

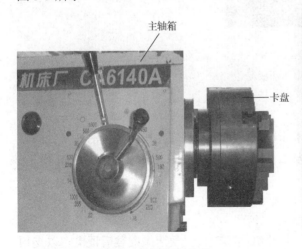

图 3-2　主轴箱和卡盘

图 3-3　交换齿轮箱

3. 进给箱（变速箱）

进给箱是进给传动系统的变速机构。它把交换齿轮箱传递过来的运动，经过变速后传递给丝杠或光杠，如图3-4所示。

图 3-4　进给箱

4. 溜板箱

溜板箱固定在刀架部件的底部，接受光杠或丝杠传递的运动，可带动刀架一起做纵向、横向进给等运动。溜板箱上装有各种操作手柄及按钮，如图3-5所示，可方便操作机床。

中滑板手柄

停止、启动按钮

开合螺母手柄

床鞍手柄

图 3-5　溜板箱

5. 床鞍和刀架部分

床鞍和刀架位于床身的中部，刀架位于床鞍上，其功能是装夹车刀，可沿床身上的刀架轨道做纵向、横向、斜向和曲线运动，从而使车刀完成工件各种表面的车削，如图 3-6所示。

6. 尾座

尾座安装在床身的尾座导轨上，并沿此导轨纵向移动，主要用来安装后顶尖，以支顶较长的工件，也可安装钻夹头来装夹中心钻或钻头等。

7. 床身

床身是车床的大型基础部件，它有两条精度很高的 V 形导轨和矩形导轨，主要用于支撑和连接车床的各个部件，并保证各部件在工作时有准确的相对位置，如图 3-7 所示。

图 3-6　床鞍和刀架部分

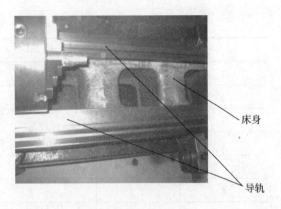

床身

导轨

图 3-7　床身

8. 照明、冷却装置

照明灯使用安全电压，为操作者提供充足的光线，保证操作环境明亮清晰。切削液被冷却泵加压后，通过冷却管喷射到切削区域。照明灯和冷却管如图 3-8 所示。

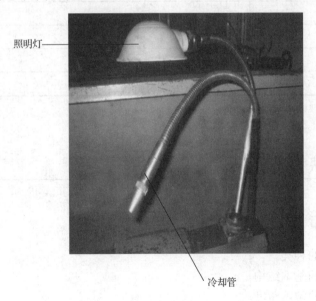

照明灯

冷却管

图 3-8　照明灯和冷却管

巩固训练

将机床各项目名称及作用在表 3-1 中写出来。

表 3-1　机床部件

标号	项目名称	作用
1		
2		
3		
4		
5		
6		
7		
8		
9		
10		
11		
12		
13		
14		
15		

任务二　认识车刀

任务目标▶

1．了解车刀的种类。

2．熟悉车刀的基本结构。

3．了解车刀的常用角度。

4．熟悉车刀的材料和刃磨方法。

本任务是通过学习了解车刀基本组成结构及常见的角度，对车刀有一定的理论认识，再以 90°焊接式车刀为例进行实际操作练习，从而对车刀能够有"理论+实操"层次的认识。

任务分析▶

一、车刀的种类

　　车刀是用于车削加工的、具有一个切削部分的刀具。车刀是切削加工中应用最广的刀具之一。

　　车刀按用途可分为外圆车刀、端面车刀、切断刀、成形车刀、螺纹车刀和镗孔刀等，如图3-9所示。

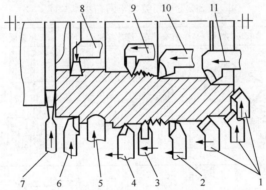

1—45°弯头车刀；2—90°外圆车刀；3—外螺纹车刀；4—75°外圆车刀；5—成形车刀；6—左切外圆车刀；

7—切断刀；8—内孔车槽刀；9—内螺纹车刀；10—盲孔镗刀；11—通孔镗刀。

图 3-9　车刀类型 1

　　车刀按照结构可分为整体式车刀、焊接式车刀、机夹式车刀和成形式车刀等，如图3-10所示。

（a）整体式车刀　　　　　　　　　　　　（b）焊接式车刀

图 3-10　车刀类型 2

（c）机夹式车刀

（d）成形式车刀

图 3-10（续）

二、车刀的用途

车刀的种类繁多，不同类型车刀的基本用途见表 3-2。

表 3-2　不同类型车刀的基本用途

序号	车刀类型	焊接式车刀实物图	机夹式车刀实物图	用途展示	用途说明
1	90°车刀（偏刀）				用来车削工件的外圆、台阶和端面
2	45°车刀（弯头车刀）				用来车削工件的外圆、端面和倒角
3	切断刀				用来切断工件或在工件上切出沟槽

续表

序号	车刀类型	焊接式车刀实物图	机夹式车刀实物图	用途展示	用途说明
4	内孔车刀				用来车削工件的内孔
5	成形车刀				用来车削工件台阶处的圆角和圆槽
6	螺纹车刀				用来车削螺纹

三、车刀的组成

车刀是由刀头（或刀片）和刀杆两部分组成。刀杆用于把车刀装夹在刀架上；刀头部分担负切削工作，所以又称切削部分。车刀的刀头由以下几部分组成，如图 3-11 所示。

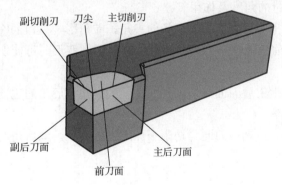

图 3-11　刀头的主要组成部分

1）前刀面。刀具上切屑流过的表面。

2）主后刀面。与工件切削表面相对的刀面。

3）副后刀面。与工件已加工表面相对的刀面。

4）主切削刃。前刀面和主后刀面的相交部位，它担负着主要的切削工作。

5）副切削刃。前刀面和副后刀面的相交部位，它配合主切削刃完成切削工作。

6）刀尖。主切削刃和副切削刃的连接部位。为了提高刀尖的强度和使车刀耐用，很多刀在刀尖处磨出圆弧形或直线形过渡刃。

四、车刀的角度

以外圆车刀为例，车刀的主要角度如图 3-12 所示。

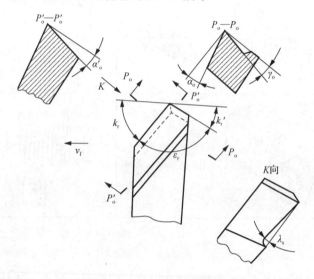

图 3-12　车刀的主要角度

在正交平面内测量的角度及作用有：

1）前角（γ_o）。指前刀面与基面之间的夹角。前角影响刃口的锋利和强度，影响切削变形和切削力。增大前角能使车刀刃口锋利，减少切削变形，可使切削省力，并使切屑容易排出。

2）后角（α_o）。指主后刀面与切削平面之间的夹角。后角的主要作用是减少车刀主后刀面与工件之间的摩擦。

3）副后角（α_o'）。指副后刀面与切削平面之间的夹角。副后角的主要作用是减少车刀副后刀面与工件之间的摩擦。

在基面内测量的角度有：

1）主偏角（k_r）。主切削刃在基面上的投影与进给方向之间的夹角。主偏角的主要作用是改变主切削刃和刀头的受力程度和散热情况。

2）副偏角（k_r'）。副切削刃在基面上的投影与背进给方向之间的夹角。副偏角的主要作用是减少副切削刃与工件已加工表面之间的摩擦。

在切削平面内测量的角度有：

1）刃倾角（λ_s）。指主切削刃与基面之间的夹角。刃倾角的主要作用是控制切屑的排出方向，当刃倾角为负值时，还可增加刀头强度，当车刀受冲击时保护刀尖。

2）刀尖角（ε_r）。主偏角与副偏角计算得到的派生角度，$\varepsilon_r + k_r + k'_r = 180°$。

五、常用车刀材料

车刀切削部分在车削过程中承受着很大的切削力和冲击力，连续地经受着强烈的摩擦，并且工作时切削温度高，所以车刀切削部分的材料必须具备硬度高、耐磨、耐高温、强度好和坚韧等性能。

目前，常用的车刀材料有高速钢和硬质合金两大类。

1. 高速钢

高速钢是一种含有钨、铬、钒，具有高硬度、高耐磨性和高耐热性的工具钢，又称高速工具钢，俗称白钢。高速工具钢刀具制造简单，刃磨方便，容易磨得锋利，而且韧性较好，能承受较大的冲击力，因此常用于加工一些冲击力较大、形状不规则的工件。高速工具钢也常作为精加工车刀（如宽刃大进给的车刀、梯形螺纹精车刀等）以及成型车刀的材料。但高速工具钢的耐热性较差，因此不能用于高速切削。

常用的高速工具钢牌号是 W18Cr4V（每个化学元素后面的数字是指材料中含该元素的平均百分数）。

2. 硬质合金

硬质合金是以一种或几种难熔金属碳化物、氮化物或硼化物等为硬质相和金属黏合剂相组成的绕结材料。硬质合金能耐高温，即使在 1000℃ 左右仍能保持良好的切削性能。常温下硬度很高，而且具有一定的使用强度。缺点是韧性较差、性脆、怕冲击。但这一缺陷，可通过刃磨合理的刀具角度来弥补。所以硬质合金是目前应用最广泛的一种车刀材料。硬质合金按其成分不同，主要分为钨钴合金（YG3、YG6、YG8）和钨钛钴合金（YT5、YT15、YT30）两大类。

六、车刀的刃磨

车刀的刃磨一般有机械刃磨和手工刃磨两种。机械刃磨效率高，质量好，操作方便，一般有条件的工厂已应用较多。但手工刃磨灵活，对设备要求低，目前仍普遍采用。作为一名车工，手工刃磨是基础，是必须掌握的基本技能。

1. 砂轮的选择

目前，工厂中常用的磨刀砂轮有两种：一种是氧化铝砂轮；另一种是绿色碳化硅砂轮。刃磨时必须根据刀具材料来选择砂轮材料。氧化铝砂轮韧性好，比较锋利，但砂粒硬度稍

低，所以用来刃磨高速工具钢车刀和硬质合金车刀的刀杆部分；绿色碳化硅砂轮的砂粒硬度高，切削性能好，但较脆，所以用来刃磨硬质合金车刀的刀头部分。

一般粗磨时用颗粒粗的平行砂轮，精磨时用颗粒细的杯形砂轮。

2. 手工刃磨的步骤

现以车削钢料的 90°正偏角车刀（刀片材料为 YT15）为例，介绍手工刃磨的步骤。

1）先把车刀前刀面、后刀面上的焊渣磨去，并磨平车刀的底平面。磨削时采用粗粒度的氧化铝砂轮。

2）粗磨主后刀面和副后刀面的刀杆部分，其后角应比刀片后角大 2°～3°，以便刃磨刀片上的后角。磨削时采用粗粒度的氧化铝砂轮。

3）粗磨刀片上的主后刀面、副后刀面和前刀面。粗磨出的主后角、副后角应比所要求的大 2°左右，刃磨时采用粗粒度的绿色碳化硅砂轮，如图 3-13 所示。

（a）粗磨刀片上的主后刀面　　　（b）粗磨刀片上的副后刀面

（c）粗磨刀片上的前刀面

图 3-13　粗磨刀片上的主后刀面、副后刀面和前刀面

4）磨断屑槽。断屑槽一般有两种形状，一种是圆弧形，另一种是阶台形。刃磨圆弧形断屑槽，必须先把砂轮的外圆跟平面的交角处用修砂轮的金刚石笔修整成相应的圆弧。如刃磨阶台形断屑槽，砂轮的交角就必须修整出清角（尖锐）。刃磨时，刀尖可向下磨或向上磨，如图 3-14 所示。

5）精磨主后角和副后角。刃磨时，将车刀底平面靠在调整好角度的搁板上，并使切削刃轻轻靠在砂轮的端面上进行，车刀应左右缓慢移动，使砂轮磨损均匀，车刀刃口平直。精磨时采用杯形、细粒度的绿色碳化硅砂轮或金刚石砂轮，如图 3-15 所示。

6）磨负倒棱。刃磨时，用力要轻，车刀要沿主切削刃的后端向刀尖方向摆动。磨削方法有直磨法和横磨法，如图 3-16 所示。

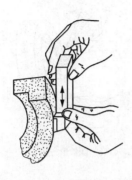

（a）刀尖向下磨

（b）刀尖向上磨

图 3-14　磨断屑槽

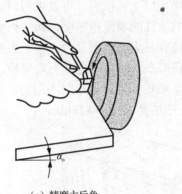

（a）精磨主后角

（b）精磨副后角

图 3-15　精磨主后角和副后角

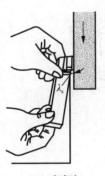

（a）直磨法

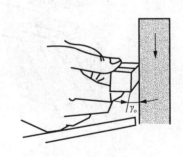

（b）横磨法

图 3-16　磨负倒棱

7）磨过渡刃。过渡刃有直线形和圆弧形两种。对于刃磨车削较硬材料的车刀时，也可以在过渡刃上磨出负倒棱；对于大进给量车刀，可用相同的方法在副切削刃上磨出修光刃。采用的砂轮跟精磨后角时相同，磨过渡刃方法如图 3-17 所示。

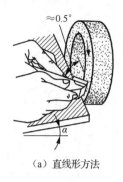

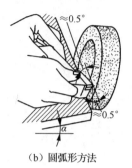

（a）直线形方法　　　　　　　　　（b）圆弧形方法

图 3-17　磨过渡刃方法

3. 手工研磨车刀

刃磨后的切削刃有时还不够光洁，如果用放大镜检查，可发现刃口上凹凸不平，呈锯齿形。使用这样的车刀加工工件会直接影响工件的表面粗糙度，而且也会降低车刀的使用寿命。对于硬质合金车刀，在切削过程中还容易崩刃，所以对于手工刃磨后的车刀还必须进行研磨，一般用油石进行研磨。用油石研磨车刀时，手持油石要平稳，油石要贴平需要研磨的表面后再平稳移动，如图 3-18 所示。推时用力，回来时不用力。研磨后的车刀，应消除刃磨的残留痕迹，刃面表面粗糙度 Ra 应达到 $0.32 \sim 0.16 \mu m$。

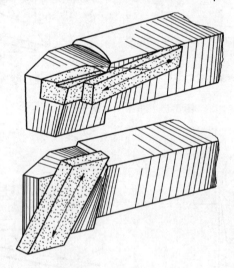

图 3-18　手工研磨车刀

4. 测量车刀角度

车刀磨好后，可以使用目测法观察车刀角度是否合乎切削要求、刀刃是否锋利、表面是否有裂痕或其他不符合切削要求的缺陷。车刀的角度一般可用样板测量，如图 3-19（a）所示。对于角度要求高的车刀（螺纹刀），可以用车刀量角器进行测量，如图 3-19（b）所示。

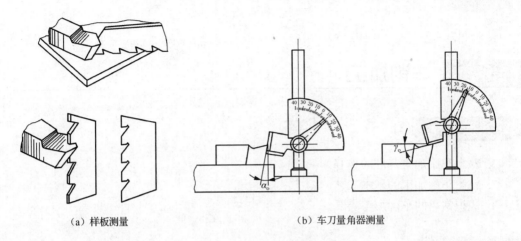

（a）样板测量 　　　　　　　　　　（b）车刀量角器测量

图 3-19　车刀角度的测量方法

5. 安全注意事项

1）刃磨车刀时，人应站立在砂轮侧面，以防砂轮碎裂时，碎片飞出伤人。

2）刃磨车刀时，两手握刀，两肘夹紧腰部，这样可以减小抖动。

3）刃磨车刀时，不能用力过大，以防发生打滑伤手。

4）车刀必须控制在砂轮水平中心处，刀头应略向上翘，否则会出现后角过大或负后角等弊端。

5）刃磨车刀时应做水平方向的左右移动，以免砂轮表面出现凹坑。

6）在平行砂轮上磨刀时，尽可能避免磨砂轮侧面。

7）刃磨车刀时，应戴防护镜。女生把头发梳起来，戴帽子，并把头发放到帽子里。

8）刃磨硬质合金车刀时，不可把刀头部分放入水中冷却，以防刀片因突然冷却而碎裂。刃磨高速钢车刀时，应及时用水冷却，以防车刀过热退火，降低硬度。

9）在刃磨前，要对砂轮机的防护设施进行检查。

10）刃磨结束后，应随手关闭砂轮机电源。

─────────── 巩固训练 ───────────

刃磨硬质合金 90° 外圆车刀。

注意事项：

1）刃磨主后面的姿势及方法。

2）检查车刀角度的方法。

任务三 车削加工

任务目标▶

1. 熟悉车削加工基准的选择。
2. 熟悉车削加工的基本工艺。
3. 认识常用的车削加工夹具。

任务要求▶

通过本任务的学习，熟悉简单轴类零件的加工工艺，掌握轴类零件在车床上的装夹方式，为轴类零件的车削加工打下基础。本任务车削加工的阶梯轴如图3-20所示。

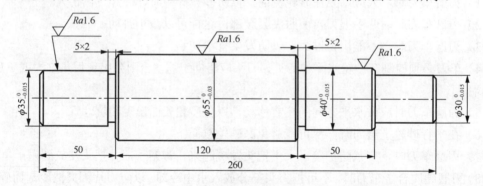

图 3-20 阶梯轴

任务分析▶

一、定位基准的选择

机械加工过程中，定位基准的选择合理与否决定零件质量的好坏，对能否保证零件的尺寸精度和相互位置精度要求，以及对零件各表面间的加工顺序安排都有很大影响。当用夹具安装工件时，定位基准的选择还会影响到夹具结构的复杂程度，因此，定位基准的选择是一个很重要的工艺问题。

1. 基准的概念及分类

机械制造中所说的基准是指用来确定生产对象上几何要素间几何关系所依据的那些

点、线、面。根据作用和应用场合不同，基准可分为设计基准和工艺基准两大类，工艺基准又可分为工序基准、定位基准、测量基准和装配基准。

（1）设计基准

设计基准是零件图上用以确定零件上某些点、线、面位置所依据的点、线、面。

（2）工艺基准

零件加工与装配过程中所采用的基准，称为工艺基准。它包括以下几种。

1）工序基准。工序图上用来标注本工序加工尺寸和形位公差的基准。就其实质来说，与设计基准有相似之处，只不过是工序图的基准。工序基准大多与设计基准重合，有时为了加工方便，也有与设计基准不重合而与定位基准重合的情况。

2）定位基准。加工中，使工件在机床上或夹具中占据正确位置所依据的基准。如用直接找正法装夹工件，找正面是定位基准；用画线找正法装夹工件，所画线为定位基准；用夹具装夹，工件与定位元件相接触的面是定位基准。作为定位基准的点、线、面，可能是工件上的某些面，也可能是看不见摸不着的中心线、中心平面、球心等，往往需要通过工件某些定位表面来体现，这些表面称为定位基面。例如，用三爪自定心卡盘夹持工件外圆，体现以轴线为定位基准，外圆面为定位基面。严格地说，定位基准与定位基面有时并不是一回事，但可以替代，这中间存在一个误差问题。

3）测量基准。工件在加工中或加工后测量时所用的基准。

4）装配基准。装配时，用以确定零件在部件或产品中的相对位置所采用的基准。

上述各类基准应尽可能使其重合。如在设计机器零件时，应尽可能以装配基准作为设计基准以便直接保证装配精度。在编制零件加工工艺规程时，应尽量以设计基准作为工序基准，以便直接保证零件的加工精度。在加工和测量工件时，应尽量使定位基准和测量基准与工序基准重合，以便消除基准不重合误差。

2. 定位基准的选择

定位基准有粗基准和精基准之分。零件开始加工时，所有的面均未加工，只能以毛坯面作为定位基准。这种以毛坯面为定位基准的，称为粗基准，粗基准往往在第一道工序第一次装夹中使用；以后的加工，必须以加工过的表面作为定位基准，以加工过的表面为定位基准的，称为精基准。精基准和粗基准的选择原则不同。

（1）精基准的选择原则

选择精基准时，重点考虑如何减少工件的定位误差，保证工件的加工精度，同时也要考虑工件装卸方便，夹具结构简单，一般应遵循下列原则。

1）基准重合原则。所谓基准重合原则是指以设计基准做定位基准，以避免基准不重合误差。

2）基准统一原则。当零件上有许多表面需要进行多道工序加工时，尽可能在各工序的加工中选用同一组基准定位，称为基准统一原则。基准统一可较好地保证各个加工面的位置精度，同时各工序所用夹具定位方式统一，夹具结构相似，可减少夹具的设计、制造工作量。

基准统一原则在机械加工中应用较为广泛，如阶梯轴的加工，大多采用顶尖孔作为统一的定位基准；齿轮的加工，一般都以内孔和一端面作为统一定位基准加工齿坯、齿形；箱体零件加工大多以一组平面或一面两孔作为统一定位基准加工孔系和端面；在自动机床或自动线上，一般也需遵循基准统一原则。

3）自为基准原则。有些精加工工序，为了保证加工质量，要求加工余量小而均匀，采用加工面自身作为定位基准，称为自为基准原则。例如，在导轨磨床上磨削床身导轨时，为了保证加工余量小而均匀，采用百分表找正床身表面的方式装夹工件，又如浮动镗孔、浮动铰孔、珩磨及拉削孔等，均是采用加工面自身作为定位基准。

4）互为基准原则。为了使加工面获得均匀的加工余量和加工面间有较高的位置精度，可采用加工面间互为基准反复加工。例如，加工精度和同轴度要求高的套筒类零件，精加工时，一般先以外圆定位磨内孔，再以内孔定位磨外圆。加工精密齿轮时，通常是齿面淬硬后再磨齿面及内孔。因为齿面磨削余量很小，所以为了保证加工要求，先以齿面为基准磨孔，再以内孔为基准磨齿面，这样不但使齿面磨削余量小而均匀，而且能较好地保证内孔与齿切圆有较高的同轴度。

5）装夹方便原则。所选定位基准应能使工件定位稳定，夹紧可靠，操作方便，夹具结构简单。

以上介绍了精基准选择的几项原则，每项原则只能说明一个方面的问题，理想的情况是使基准既"重合"又"统一"，同时又能使定位稳定，夹紧可靠，操作方便，夹具结构简单。但实际运用中往往出现相互矛盾的情况，这就需要从技术和经济两方面进行综合分析，抓住主要矛盾，进行合理选择。

还应该指出，工件上的定位精基准，一般应是工件上具有较高精度要求的重要工作表面，但有时为了使基准统一或定位可靠，操作方便，人为地制造一种基准面，这些表面在零件的工件中并不起作用，仅仅在加工中起定位作用，如顶尖孔、工艺搭子等，这类基准称为辅助基准。

（2）粗基准的选择原则

选择粗基准时，重点考虑如何保证各个加工面都能分配到合理的加工余量，保证加工面与不加工面的位置尺寸和位置精度，同时还要为后续工序提供可靠精基准。具体选择一般应遵守下列原则。

1）为了保证零件各个加工面都能分配到足够的加工余量，应选加工余量最小的面为粗基准。

2）为了保证零件上加工面与不加工面的相对位置要求，应选不加工面为粗基准。当零件上有多个加工面，应选与加工面的相对位置要求高的不加工面为粗基准。

3）为了保证零件上重要表面加工余量均匀，应选重要表面为粗基准。零件上有些重要工作表面，精度很高，为了达到加工精度要求，在粗加工时就应使其加工余量尽量均匀。

二、车刀安装注意事项

在安装车刀时，要注意下列事项。

1）车刀的悬伸长度要尽量缩短，以增强其刚性。一般悬伸长度约为车刀厚度的1～1.5倍，车刀下面的垫片要尽量少，且与刀架边缘对齐。车刀的悬伸长度示意图如图3-21所示。

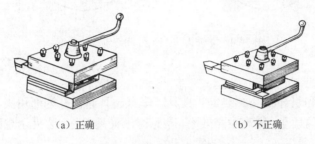

（a）正确　　　　　　　　　　（b）不正确

图3-21　车刀的悬伸长度示意图

2）车刀一定要夹紧，至少用两个螺钉平整压紧，否则车刀崩出，后果不堪设想，如图3-22所示。

图3-22　车刀的夹紧

3）车刀刀尖应与工件旋转轴线等高，如图3-23所示。若车刀刀尖与工件旋转轴线不等高，在车至端面中心时会留有凸头，如图3-24所示。使用硬质合金车刀时，车到中心处会使刀尖崩碎。

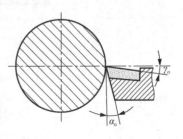

图3-23　车刀刀尖与工件旋转轴线等高

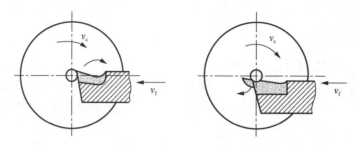

图 3-24　车刀刀尖与工件旋转轴线不等高

三、车床夹具

用以装夹工件和引导刀具的装置叫夹具。车床夹具通常分为通用夹具和专用夹具，其目的都是保证加工的质量，提高生产效率。常见车床夹具名称、装夹示意图及特点见表 3-3。

表 3-3　常见车床夹具名称、装夹示意图及特点

名称	装夹示意图	特点
三爪卡盘		三爪能自定心，装夹工件一般不需要找正，使用方便
四爪卡盘		四爪卡盘，每个爪能单独径向移动，夹持工件时，需要通过调节每个爪的位置来找正
固定顶尖		固定顶尖定心好，刚度高，不易产生振动，但易与工件摩擦发热和磨损

续表

名称	装夹示意图	特点
回转顶尖		回转顶尖克服了摩擦发热和磨损，但定心稍差，刚度降低
花盘		花盘安装在车床的主轴上，盘面分布着长短不一的通槽，用于安装螺栓，以固定工件

—— 巩固训练 ——

加工如图 3-20 所示的阶梯轴，并将加工步骤及加工要点填入表 3-4 中。

表 3-4 阶梯轴加工步骤及加工要点

序号	步骤	加工要点
1		
2		
3		
4		
5		
6		

任务四　车床的保养及常见故障的排除

任务目标▶

1. 熟悉车床的日常维护与保养方法。
2. 熟悉常见的车床故障原因及排除方法。

任务要求▶

对车床设备进行日常维护和保养，维持设备性能而进行 6S 日常维护保养工作；监测设备劣化程度或性能降低程度而进行必要维修；为修复劣化，恢复设备性能而进行修理活动。

任务分析▶

为了保持车床的正常运转并延长使用寿命，使机床一直处于良好的工作状态，以保证长周期、安全稳定的运行，必须要对车床进行定期的维护保养。

一、总则

1）禁止在机床运转时变速，以免损坏机器的齿轮。

2）过重的工作物，不要夹在夹具上过夜。

3）尺寸较大、形状复杂而装夹面积又小的工作物在校正时，应预先在机床面上安装木垫，以防工件落下时损坏床面。

4）禁止忽然开倒车，以免损坏机床零件。

5）工具、刀具及工作物不能直接放在机床的导轨上，以免碰坏机床导轨或产生咬坏导轨的严重后果。

6）每天使用后，必须做好机床的清洁保养工作，严防碎屑和杂质进入机床的导轨发动面，把导轨咬坏。机床使用后应把导轨上的冷却润滑油擦干净，并加机油润滑保养。

7）机床定机、定人。非规定操作人员，未经班长安排和机床保养人员的同意不准随便开动机床。

8）机床床身上严禁放置与机床工作无关的杂物。

9）机床周边要用合适的围栏围住，机床工作区域内禁止放置任何杂物，非工作人员严禁进入机床工作区域。

10）机床的维护保养工作由机电车间主任负责，车床工负责执行。

二、日常保养

1. 班前保养

1）对重要部位进行检查。

2）擦净外露导轨面并按规定润滑各部位。

3）空运转并查看润滑系统是否正常。检查各油面，不得低于油标以下，各部位加注润滑油。

2. 班后保养

1）做好床身及部件的清洁工作，清扫铁屑，打扫周边环境卫生。

2）擦拭机床。

3）清洁工、夹、量具。

4）将各部位归位。

3. 各部位定期保养

（1）床身及外表

1）擦拭工作台、床身导轨面、各丝杆、机床各表面及死角、各操作手柄及手轮。

2）导轨面去毛刺。

3）清洁，无油污。

4）拆卸清洗油毛毡，清除铁片杂质。

5）除去各部锈蚀，保护喷漆面，勿碰撞。

6）设备导轨面、滑动面及各部手轮手柄及其他暴露在外的各种部位应涂油覆盖。

（2）主轴箱

1）清洁，润滑良好。

2）传动轴无轴向窜动。

3）清洗换油。

4）更换磨损件。

5）检查调整离合器、丝杆、镶条、压板松紧至合适。

（3）工作台及升降台

1）清洁，润滑良好。

2）调整夹条间隙。

3）检查并紧固工作台压板螺钉，检查并紧固操作手柄螺钉、螺帽。

4）调整螺母间隙。

5）清洗手压油泵。

6）清除导轨面毛刺。

7）对磨损件进行修理或更换。

8）清洗调整工作台、丝杆手柄及柱上镶条。

（4）工作台变速箱

1）清洁，润滑良好。

2）清洗换油。

3）传动轴无窜动。

4）更换磨损件。

（5）冷却系统

1）各部清洁，管路畅通。

2）清洗冷却液槽，槽内无沉淀铁末。

3）更换冷却液。

（6）润滑系统

1）各部油嘴、导轨面、线杆及其他润滑部位加注润滑油。

2）检查主轴牙箱、进给牙箱油位，并加油至标高位置。

3）油内清洁，油路畅通，油毡有效，油标醒目。

4）清洗油泵。

5）更换润滑油。

三、定期维护

设备累计运转 500 小时后应进行一次定期维护，以操作者为主（机修人员配合），按规定维护范围对设备部分解体清洗，疏通油路，调整滑台塞铁间隙等，内外要求维护。定期维护主要内容和要求如下。

1）车床外表死角处、罩盖内部和外露导轨面、丝杠、光杠、齿条等传动件，必须擦净并修去研伤及毛刺。

2）清洗挂轮箱并调整啮合间隙，紧定挂轮架，调整镶条压板间隙，补全螺钉、螺母等零件。

3）检查润滑系统，保证油质和油量，确保油标醒目、油杯齐全。

4）检查冷却装置，清洗过滤网及冷却液箱，更换冷却液，紧固水泵及管路，清除漏液。

5）检查电气装置，清理各部件上的油污和积尘，检查照明灯及接地情况，保证安全可靠。

四、普通车床常见故障原因

普通车床属于机械行业中最为常见的装备，运行中涉及很多技术，如电机技术、传感技术、自动化技术等，表现出综合性的特点。普通车床的工作能力强，可提供高精度、高水平的机械制造服务，但是仍旧面临着故障的干扰。

普通车床的故障原因表现出多样化的特点，以下为普通车床最常见的故障原因。

1）普通车床零部件的质量原因。车床本身的机械装置、元件设备等，在车床运行的过程中发生了质量问题，导致自身出现失灵或失控的情况，就会影响到普通车床的整体情况，出现磨损、破坏等问题，直接影响到车床的加工精度，进而干扰普通车床的实际运行。零部件的质量原因是普通车床故障中最直接的原因，能够引起一系列的故障问题。

2）普通车床的安装、装配工艺内，缺乏精度控制的措施。例如，普通车床主体如主轴箱、进给箱，在安装中没有严格按照精度实行控制，只要有一处出现故障，就会干扰到普通车床的整体精度，不能保障普通车床的有效装配，导致安装与装配误差，在车床运行中引出故障干扰，逐渐降低车床运行的精确度。

3）普通车床使用时存在不合理的操作，干扰了车床的技术参数，导致车床在自身加工的范围内缺乏有效的工作能力。普通车床操作中，如果操作人员不能按照车床的工作规程执行，就会引起诸多故障问题，尤其是普通车床的精确度，直接增加了车床的运行负担，加重了车床的使用压力。

4）普通车床在运行中，保养与维修措施不到位。保养与维修是降低故障发生率的一项措施，而且决定了车床的使用效率。车床缺乏保养、维修，导致车床处于带病作业的状态，不能维持良好的工作状态，就会缩短车床的运行寿命，不能提高普通车床的加工效率。

五、普通车床常见故障排除方法

结合普通车床常见故障原因分析，下面列举普通车床运行中常见的故障及相关的排除方法，以此来维护普通车床的运行性能。

1. 振动故障及其排除方法

普通车床的振动故障是最为常见的故障类型，车床在加工生产的期间，振动是很难避免的，存在一些振动属于正常的运行范围，但当振动较为剧烈时，就会影响车床的加工精度，降低车床的生产效率，同时还会加重车床的磨损，不利于车床刀具的稳定性。

车床发生振动故障时，在实践中提出以下几点排除方法，可以辅助车床快速恢复到正常的运行状态。

1）维护人员检查车床上的固定螺栓，如地脚螺栓，保障螺栓安装的准确性，一旦发现有松动或安装不正确的螺栓，实行现场处理，拧紧螺栓，确保螺栓的安装位置准确，排除故障。

2）控制旋转件的跳动幅度，特别是胶带构件，防止其跳动幅度过大而造成振动。

3）检查普通车床的主轴中心，避免存在径向过大摆动的问题。维护人员可以主动地调整主轴摆动，减小主轴的摆动幅度或者直接采取角度选配法的方式，控制主轴摆动。

4）校正普通车床的磨削刀具，保持稳定的切削路径，保持刀尖的位置稍高于中心位置，排除车床工作时的振动问题。

2. 噪声故障及其排除方法

噪声故障不仅影响车床的运行，同时也会影响车床运行的环境。一般情况下，故障是噪声发生的前提，当车床运行时出现不符合常规的噪声，就表示车床出现了故障，维护人

员需准确地分析噪声的来源及成因，以便快速地排除故障。普通车床运行后，噪声会随着周期、温度、负荷的增加而增加，最终导致车床进入不良的运行状态，干扰正常的运行。

排除噪声故障要根据车床的实际情况执行。下面列举车床噪声故障中，常见的排除方法。

1）维护人员检查普通车床的运动副，结合运动副反馈出的情况，调整、修复引起噪声的零件，促使车床的主轴恢复正常运行，处理噪声的干扰，保障车床的工作精度。

2）全面检查普通车床的管道，杜绝出现管道不通畅的情况，疏通有堵塞的管道。

3）噪声故障内，很大一部分是因为相互摩擦，所以应定期安排润滑工作，在适当的位置增加润滑油，控制润滑油的用量、位置，保证润滑油符合相关的规定。

3．发热故障及其排除方法

车床运行时，发热故障集中在主轴位置，因为主轴连接着滚动轴承和滑动轴承，构成了一体化的运行结构，所以主轴处于高速旋转状态时，就会发散热量。主轴是车床的主要热源，当热量无法正常散发出来时，就会造成主轴以及周围连接装置过度发热，车床局部位置的温度升高，引起热变形。发热故障较为严重时，会出现主轴、尾架不同高的问题，直接降低车床的加工精度，还会存在烧坏主轴的情况。

主轴发热故障，可能是主轴与轴承之间经过长期摩擦囤积了热量，导致全负荷车床工作状态下主轴的刚度变化，影响了主轴的稳定性。主轴发生故障的排除方法是，在车床运行前，先调整好主轴与轴承之间的距离，同时安排好润滑工作，保持油路的畅通性，再控制好主轴的工作量，避免主轴处于超负荷的工作环境中。

4．漏油故障及其排除方法

漏油在车床故障中比较常见，会增加车床的油耗，造成较大的经济损失，干扰车床的运行性能。车床漏油故障处理需采取日常的检测方法，安排漏油检查的相关工作，及时发现漏油问题并处理。

5．轴承故障及其排除方法

普通车床的轴承故障影响车床加工的传动工作，影响载荷的运行，属于故障多发点，轴承故障的排除需采取更换和改进的措施。一般情况下，轴承零部件损坏，可直接更换零部件；传动轴承断裂，就需要改进内部结构，重新布设轴承装置。

6．刀架故障及其排除方法

车床的刀架故障，表现为卡刀、接触器烧毁，最终导致刀盘不转动。刀架故障排除时，需根据具体的故障，逐渐缩小故障的范围，明确故障的原因后并定位。车床刀位的元件损坏，刀盘不到位，需保持刀架锁紧的状态，使用扳手松动磁钢盘，对准霍尔元件与磁钢。

7. 手柄故障及其排除方法

车床手柄最容易出现脱开的故障。以车床的溜板箱自动进给手柄脱开故障为例，分析排除的方法。调整手柄的弹簧压力，保持手柄在正常负荷下的稳固性，利用焊补的方法修复手柄故障，定位孔出现磨损后，要采用铆补的方式打孔。

8. 床鞍故障及其排除方法

床鞍下沉故障，导致普通车床无法正常工作，丧失车床的功能。采取日常修理的方法即可排除床鞍故障，改善齿轮以及刻度盘的刻度，保障小齿轮和齿条达到稳定的啮合状态，恢复床鞍。

六、车床保养与维修

保养与维修车床，能够在很大程度上提高车床的工作效率，降低车床故障的发生概率。

首先，在车床的保养维修中，工作人员应积极找出潜在的小问题，禁止车床带病作业，避免小问题放大，消除萌芽中的问题，提升车床的工作效率，把控车床的运行过程。

其次，工作人员应安排日常巡视的工作，便于掌握车床的运行状态，更换车床中的零件，按照普通车床安全、可靠的运行标准，保养车床的零部件，维修有故障的装置，优化车床的运行环境。

最后，工作人员要全面地记录保养维修过程中车床的各类信息，明确问题的时间、位置，细化车床的保养维修信息，为后续车床的保养维修，提供标准的依据，体现保养维修在车床中的重要性以及实践价值。

──── 巩固训练 ────

对学校实训车间的车床进行日常保养，并将检查结果记录在表 3-5 中。

表 3-5　车床日常保养检查结果

车床型号：_____

序号	保养范围	检查结果	日期
1	检查润滑的加油部位有无润滑油		
2	车床上的螺栓有无松动		
3	电动机及各个按钮是否正常		
4	油路系统供油是否正常		
5	车床是否进行保养		
6	车床周围是否存在杂物		
7	在车削过程中，车床有无异响		

项目四

铣削与刨削加工技术

项目描述　《《《

　　铣削和刨削是生产中常用的机械加工方法。在铣床上用铣刀加工工件的过程称为铣削；在刨床上用刨刀加工工件的过程称为刨削。

　　本项目主要介绍铣床的种类和加工范围；铣刀的类型和用途；刨床的种类和加工范围；刨刀的类型和用途等内容。

项目目标　《《《

　　1. 了解铣床的工作原理，能够进行铣削加工。

　　2. 了解刨床的工作原理，能够进行刨削加工。

任务一　认识铣床

任务目标▶

1. 了解铣床的工作原理。
2. 认识铣床的构成、附件及应用。
3. 熟悉铣床的加工工艺方法。
4. 会对铣床进行简单的日常保养。

任务要求▶

铣削加工是机械制造业中重要的加工方法，也是目前应用最广泛的加工方法之一。通过本任务的学习后，能认识铣床的各部件，学会空车运行铣床并能识读刻度盘。

任务分析▶

铣床主要用铣刀在工件各种表面上进行加工，通常以铣刀的旋转运动为主运动，工件或铣刀的移动为进给运动，可以加工平面、沟槽，也可以加工各种曲面、齿轮等。

铣床除能铣削平面、沟槽、轮齿、螺纹和花键轴外，还能加工比较复杂的型面，效率较刨床高。万能铣床是一种高效率的加工机械，在机械加工中被广泛应用，万能铣床通过手柄同时操作电气与机械，使机、电紧密配合完成预定的操作，是机械与电气结构联合动作的典型控制，是自动化程度较高的组合机床。

一、铣床的种类

铣床种类很多，其中常用的有卧式铣床、立式铣床、万能工具铣床和龙门铣床。

1. 卧式铣床

卧式铣床又分为平铣床和万能卧式铣床（图4-1），它们的共同特点是主轴都是水平的，区别是万能卧式铣床的工作台能在水平面内做范围内的旋转调整，以便完成铣削螺旋槽类工作，而平铣床的工作台不能做旋转调整。

2. 立式铣床

立式铣床又称立式升降台式铣床，其主轴是垂直的，其他与卧式铣床相同。图4-2所示为立式升降台式铣床。

图 4-1　万能卧式铣床

3. 万能工具铣床

在工模具制造车间需要加工具有各种角度的表面以及一些比较复杂的型面时，万能工具铣床用得比较多。万能工具铣床有两个主轴，垂直方向的主轴用来完成立铣工作，水平方向的主轴用来完成卧铣工作。当装上万向工作台后，工作台还能在三个相互垂直的平面内旋转一定的角度。图 4-3 所示为万能工具铣床。

图 4-2　立式升降台式铣床

图 4-3　万能工具铣床

4. 龙门铣床

龙门铣床由门式框架、床身工作台和电气控制系统构成。

门式框架由立柱和顶梁构成，中间还有横梁。横梁可沿两立柱导轨做升降运动。横梁上有1～2个带垂直主轴的铣头，可沿横梁导轨做横向运动。两立柱上还可分别安装一个带有水平主轴的铣头，它可沿立柱导轨做升降运动。这些铣头可同时加工几个表面。每个铣头都具有单独的电动机（功率最大可达 150kW）、变速机构、操纵机构和主轴部件等。龙门铣床如图 4-4 所示。

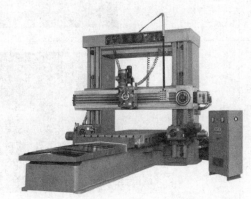

图 4-4 龙门铣床

二、铣床的加工范围和特点

1. 铣床的加工范围

铣床的加工范围很广，可铣削平面、斜面、垂直面、沟槽（键槽、V 形槽、燕尾槽等）、成形面、多齿零件的齿槽（齿轮、链轮、花键轴等），也可对工件进行钻削、镗孔加工、切断等。

铣床的加工及示例见表 4-1。

表 4-1 铣床加工及示例

加工名称	加工示例
铣平面	

续表

加工名称	加工示例
铣齿轮	
铣 V 形槽	
切断	
铣台阶	

续表

加工名称	加工示例
铣花键轴	
铣特形面	
镗孔	
铣圆弧	

2. 铣床的加工特点

1）以铣刀的旋转运动为主运动，加工位置调整方便，有利于进行高速切削，生产率高于刨削加工。

2）采用多刃刀具加工，每个刀齿依次参加切削，刀齿在离开工件的时间内，可以得到一定的冷却，因此，刀齿散热条件好，有利于减少铣刀的磨损，延长使用寿命。

3）铣床加工生产率高，加工范围广，铣刀种类多，适应性强，且具有较高的加工精度。可以加工刨削无法加工或难以加工的表面，如可铣削四周封闭的凹平面、圆弧形沟槽、具有分度要求的小平面和沟槽等。

4）适于加工平面类及形状复杂的组合体工件，在模具制造等行业中占有非常重要的地位。

5）可以断续切削，刀齿在切入和切出工件时会产生冲击，而且每个刀齿的切削厚度也时刻在变化，会引起切削面积和切削力的变化，因此，铣削过程不平稳，容易产生振动。

三、X6132 卧式铣床的组成及主要技术参数

1. X6132 卧式铣床的组成

X6132 卧式铣床的组成如图 4-5 所示。

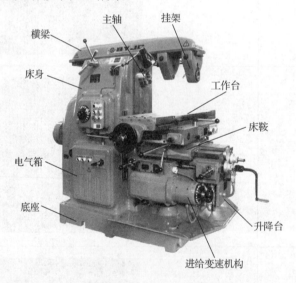

图 4-5　X6132 卧式铣床的组成

（1）床身

床身是机床的主体，用于安装和连接铣床的其他部件。床身正面有垂直导轨，可引导升降台上、下移动；床身顶部有燕尾形水平导轨，用以安装横梁并按需要引导横梁水平移动；床身内部装有主轴和主轴变速机构。

（2）横梁

横梁可沿床身顶面燕尾形导轨移动，按需要调节伸出长度，其上可安装挂架。

（3）主轴

主轴是一根空心轴，前端有锥度为 7∶24 的圆锥孔，用以插入铣刀柄。电动机输出的回转运动和动力，经主轴变速机构驱动主轴连同铣刀一起回转，实现主运动。

（4）挂架

挂架用于支撑铣刀柄的另一端，增强铣刀柄的刚性。

（5）工作台

工作台用以安装工件或铣床夹具，可沿滑座上的导轨纵向移动，带动台面上的工件实现纵向进给运动。

（6）床鞍

床鞍位于升降台的水平导轨上，可带动工作台横向移动，实现横向进给。

（7）升降台

升降台可沿床身导轨上、下移动，用来调整工作台在垂直方向的位置。升降台内部装有进给电动机和进给箱。

（8）底座

底座是整个卧式铣床的承重部分。底座的结构决定了整个铣床的稳定性。

2. X6132 卧式铣床主要技术参数

X6132 卧式铣床主要技术参数见表 4-2。

表 4-2　X6132 卧式铣床主要技术参数

主要技术参数	单位	数值
工作台面尺寸	mm	320×1325
工作台最大纵向行程手动/机动	mm	700/680
工作台最大横向行程手动/机动	mm	255/240
工作台最大垂向行程手动/机动	mm	320/300
工作台最大回转角度		±45°
主轴中心线至工作台面距离	mm	30/350
主轴转速级数		18
主轴转速范围	r/min	30～1500
工作台进给量级数		18
主电动机功率	kW	7.5
进给电动机功率	kW	1.5
机床外形尺寸	mm	2294×1770×1610
机床重量（净重）	kg	2650/2950
工作台纵（横）向进给速度	mm/min	10～1000（21 级）
工作台垂向进给速度	mm/min	33～333（21 级）
工作台纵（横）向快速进给速度	mm/min	2300
工作台垂向快速进给速度	mm/min	766.6

四、铣床附件

常见铣床附件有平口钳、万能铣头、回转工作台、万能分度头等。常见铣床附件及特点见表 4-3。

表 4-3　常见铣床附件及特点

名称	图示	特点
平口钳	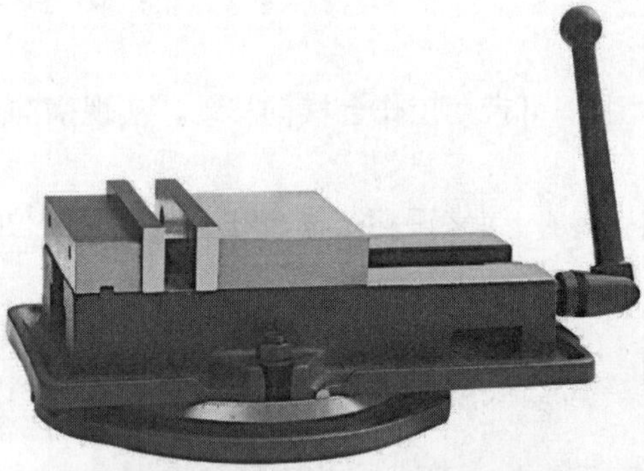	铣削中小型工件时都可以用平口钳进行装夹
万能铣头		带有回转角度，铣削时可以扩大加工范围
回转工作台	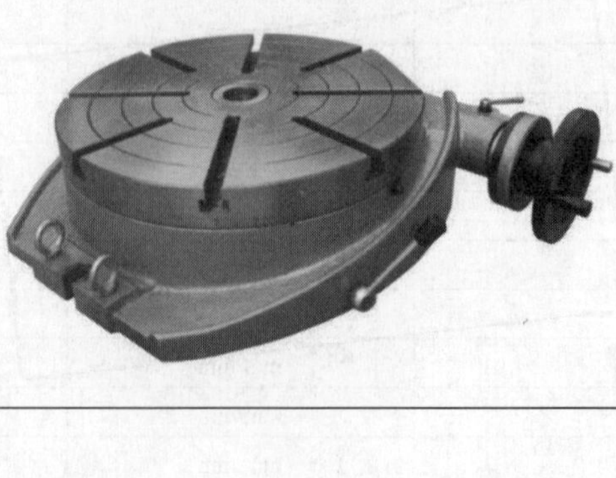	主要应用于对中小型工件进行圆周分度

续表

名称	图示	特点
万能分度头		对工件进行圆周等分、角度分度等，从而扩大加工范围

五、铣床的保养

为了使铣床保持良好的工作状态，除了发生故障要及时修理外，坚持日常保养是非常重要的。日常保养一方面可以提高机床的使用寿命；另一方面可以把许多故障、隐患消除在萌芽状态，防止或减少事故的发生。具体操作和保养规程如下。

1. 铣床安全操作规程

1）认真执行《金属切削机床通用操作规程》有关规定。

2）认真执行下述有关铣床通用规定。

① 铣削不规则的工件或使用虎钳、分度头及专用夹具夹持工件时，不规则工件的重心及虎钳、分度头、专用夹具等应尽可能放在工作台的中间部位，避免工作台受力不匀，产生变形。

② 在快速或自动进给铣削时，不准将工作台走到两极端，以免挤坏丝杆。

③ 对刀应手动进行，不准用机动对刀。

④ 工作台换向时，须先将换向手柄停在中间位置，然后再换向，不准直接换向。

⑤ 铣削键槽轴类或切割薄的工件时，严防铣坏分度头或工作台面。

⑥ 铣削平面时，必须使用有四个刀头以上的刀盘，选择合适的切削用量，防止机床在铣削中产生振动。

3）工作后，将工作台停在中间位置，升降台落到最低的位置上。

2. 铣床的保养规程

（1）铣床例行保养作业范围

① 完成床身及部件的清洁工作，清扫铁屑及周边环境卫生。

② 检查各油平面，不得低于油标以下，各部位加注润滑油。

③ 清洁工、夹、量具。

（2）铣床保养范围

1）清洁。

① 清除各部位积屑。

② 擦拭工作台、床身导轨面、各丝杆、机床各表面及死角、各操作手柄及手轮。

③ 拆卸清洗油毛毡，清除铁片杂质。

2）润滑。

① 在各部油嘴、导轨面、丝杠及其他润滑部位加注润滑油。

② 检查主轴牙箱和进给牙箱油位，并加油至标高位置。

3）扭紧。

① 检查并紧固工作台压板螺钉，检查并紧固各操作手柄螺钉和螺帽。

② 检查并紧固其他各部松动螺钉。

4）调整。

① 检查调整离合器、丝杠和螺母的间隙，镶条、压板松紧调至合适。

② 检查其他调整部位。

5）防腐。

① 除去各部锈蚀，保护喷漆面，勿碰撞。

② 对停用或备用设备的导轨面、滑动面、手轮、手柄及其他暴露在外易生锈的各种部位涂油覆盖。

———————————— 巩固训练 ————————————

在实体机床上分别指出图 4-6 标注的相对应部件，并填写表 4-4。

图 4-6　相对应部件

表4-4　机床部件名称及特点

序号	名称	特点
1		
2		
3		
4		
5		
6		

任务二　铣削加工

任务目标▶

1. 了解常用铣刀的特点及用途。
2. 了解铣削用量的相关概念及计算。
3. 熟悉不同铣削方式及特点。

任务要求▶

铣削加工是机械制造业中重要的加工方法，也是目前应用最广泛的加工方法之一。本任务主要了解铣刀的种类及应用、铣削用量的相关概念及计算、不同铣削方式及特点。

任务分析▶

一、铣刀

铣刀是用于铣削加工的、具有一个或多个刀齿的旋转刀具。工作时各刀齿依次间歇地切去工件的余量。铣刀主要用于在铣床上加工平面、台阶、沟槽、成形表面和切断工件等。由于铣床的工作范围非常广泛，故铣刀亦分为不同的种类。图4-7所示为各种类型的铣刀，表4-5为铣刀示意图、常见铣削方式及用途。

图 4-7　各种类型的铣刀

表 4-5　铣刀示意图、常见铣削方式及用途

名称	图示	常见铣削方式	用途
圆柱铣刀			铣刀齿分布在铣刀的圆周上, 螺旋齿铣刀, 刀齿强度大, 按齿数分为粗齿和细齿
立铣刀			用于铣削台阶平面、侧面, 铣削槽、各种孔等

名称	图示	常见铣削方式	用途
燕尾槽铣刀			铣削燕尾槽
T 形铣刀			铣削 T 形槽、键槽等
球头铣刀			用于铣削各种曲面、倒圆角等
锯片铣刀			铣削各种槽，切割材料等

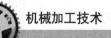
名称	图示	常见铣削方式	用途
凸半圆铣刀			主要用于铣削定值尺寸圆弧的成形表面

二、铣削用量及选用

1. 铣削用量

铣削用量的选择对提高铣削的加工精度、改善加工表面质量和提高生产率有着密切的关系。

在铣削过程中，所选用的切削用量称为铣削用量。铣削用量包括铣削速度、进给量和吃刀量。

（1）铣削速度

铣削时铣刀切削刃上的选定点相对于工件主运动的瞬时速度称为铣削速度。铣削速度用符号v_c表示，单位为 m/min。在实际工作中，应根据工件的材料、铣刀切削部分的材料、加工阶段的性质等因素，确定铣削速度，然后根据铣刀直径计算出转速。它们的相互关系为

$$v_c = \frac{\pi d_0 n}{1000}$$

$$n = \frac{1000 v_c}{\pi d_0}$$

式中，v_c——铣削速度，m/min；

d_0——铣刀直径，mm；

n——铣刀转速，r/min。

（2）进给量

进给量是铣刀每转一周在进给运动方向上相对工件的位移量，符号为f，单位为 mm/r，另有以下两种表达形式。

1）每齿进给量f_z。每齿进给量是铣刀每转过一个刀齿，在进给方向上相对工件的位移量，单位为 mm/齿。

2）进给速度v_f。切削刃上的选定点相对于工件进给运动的瞬时速度，称为进给速度，即铣刀每转 1min，在进给运动方向上相对工件的位移量，单位为 mm/min。三种进给量的关系为

$$v_{\mathrm{f}} = fn = f_{\mathrm{z}}zn$$

式中，z——铣刀齿数；

　　　n——铣刀转速，r/min；

　　　v_{f}——进给速度，mm/min；

　　　f——每转进给量，mm/r；

　　　f_{z}——每齿进给量，mm/齿。

铣削时，根据加工性质先确定每齿进给量，然后根据所选铣刀的齿数和铣刀的转速计算出进给速度，并调整为铣床铭牌上的进给速度。调整的原则是：当计算所得的数值与铣床铭牌不一致时，选取与计算所得数值最接近的铭牌数值；当计算所得的数值处在铭牌上两个数值的中间时，选取较小的铭牌值。

（3）吃刀量

吃刀量是指两平面之间的距离。吃刀量包含背吃刀量 a_{p} 和侧吃刀量 a_{e}。

1）背吃刀量 a_{p}。背吃刀量又称铣削深度，是指在平行于铣刀轴线方向上测得的切削层尺寸，单位为 mm。

2）侧吃刀量 a_{e}。侧吃刀量又称铣削宽度，是指垂直于铣刀轴线方向、工件进给方向上测得的切削层尺寸，单位为 mm。

2. 铣削用量的选用

（1）选择铣削用量的原则

合理地选择铣削用量直接关系到铣削效果的好坏，即影响到能否达到高效、低耗及优质的加工效果，选择铣削用量应满足如下基本要求。

1）保证铣刀有合理的使用寿命，提高生产率和降低生产成本。

2）保证铣削加工质量，主要是保证铣削加工表面的精度和表面粗糙度达到图样要求。

3）不超过铣床允许的动力和转矩，不超过铣削加工工艺系统（刀具、工具、机床）的允许刚度和强度，同时又充分发挥它们的潜力。

上述三项基本要求，选择时应根据粗、精加工具体情况有所侧重。一般在粗铣加工时，应尽可能发挥铣刀、铣床的潜力和保证合理的铣刀使用寿命；精铣加工时，则首先要保证铣削加工精度和表面粗糙度，同时兼顾合理的铣刀寿命。

（2）铣削用量的选择顺序

1）要选用较大的背吃刀量。

2）要选用较大的每齿进给量。

3）要选用适宜的主轴转速。

（3）铣削用量的合理选用

在铣削过程中，如果能在一定的时间内切除较多的金属，就有较高的生产率。显然，增大吃刀量、铣削速度和进给量，都能增加金属切除量。但是，影响刀具寿命最显著的因素是铣削速度，其次是进给量，而吃刀量对刀具的影响最小。所以，为了保证必要的刀具寿命，应当优先采用较大的吃刀量；其次选择较大的进给量；最后选择适宜的铣削速度。

1）被切金属层深度（厚度）的选择。

面铣时的背吃刀量 a_p 和周铣时的侧吃刀量 a_e 都是被切金属层的深度。当铣床功率和工艺系统的刚性、强度允许，加工精度要求不高且加工余量不大时，可一次进给铣去全部余量；当加工精度要求较高或加工表面粗糙度 Ra 小于 6.3μm 时，铣削应分粗铣和精铣。铣削端面时，背吃刀量的推荐值见表 4-6。当工件材料的硬度和强度较高时，背吃刀量应取较小值。当加工余量较大时，可采用阶梯铣削法。

表 4-6　端面铣削时背吃刀量 a_p 的推荐值

铣削类型	一般粗铣	沉重	精铣	高精铣	宽刃精铣
背吃刀量 a_p/mm	≤10	≤20	0.5～1.5	0.3～0.5	0.05～0.1

周铣时的侧吃刀量为 a_e，粗铣比端面铣削时的背吃刀量 a_p 大，故在铣床和工艺系统的刚性、强度允许的条件下，尽量在一次进给中，把粗铣余量全部切除。精铣时，可参照端面铣削时的 a_p 值。

2）进给量的选择。

粗铣时，进给量的提高主要受刀齿强度及机床、夹具等工艺系统刚性的限制。铣削用量大时，还受机床功率的限制，因此在上述条件下，可尽量取得大些。

精铣时，限制进给量的主要因素是加工精度和表面粗糙度。每齿进给量越大，表面粗糙度也越大。在表面粗糙度要求较小的前提下，还要考虑到铣刀刀齿的刀刃或刀尖是否在同一个旋转的圆周或平面上，在这种情况下铣出的平面，将以铣刀一转为一个波纹，因此，精铣时，在考虑每齿进给量的同时，还需考虑每转进给量。

表 4-7 为各种常用铣刀在对不同工件材料铣削时推荐的每齿进给量 f_z，粗铣时取表中的较大值，精铣时取表中的较小值。

表 4-7　每齿进给量 f_z 值的选取

工件材料	工件材料的硬度/HBS	硬质合金		高速钢			
		面铣刀	三面刃铣刀	圆柱铣刀	立铣刀	面铣刀	三面刃铣刀
低碳钢	~150	0.2～0.4	0.15～0.30	0.12～0.2	0.04～0.20	0.15～0.30	0.12～0.20
	150～200	0.20～0.35	0.12～0.25	0.12～0.2	0.03～0.18	0.15～0.30	0.10～0.15
中、高碳钢	120～180	0.15～0.5	0.15～0.3	0.12～0.2	0.05～0.20	0.15～0.30	0.12～0.2
	180～220	0.15～0.4	0.12～0.25	0.12～0.2	0.04～0.20	0.15～0.25	0.07～0.15
	220～300	0.12～0.25	0.07～0.20	0.07～0.15	0.03～0.15	0.1～0.2	0.05～0.12
灰铸铁	150～180	0.2～0.5	0.12～0.3	0.2～0.3	0.07～0.18	0.2～0.35	0.15～0.25
	180～220	0.2～0.4	0.12～0.25	0.15～0.25	0.05～0.15	0.15～0.3	0.12～0.20
	220～300	0.15～0.3	0.10～0.20	0.1～0.2	0.03～0.10	0.10～0.15	0.07～0.12

续表

工件材料	工件材料的硬度/HBS	硬质合金		高速钢			
		面铣刀	三面刃铣刀	圆柱铣刀	立铣刀	面铣刀	三面刃铣刀
可锻铸铁	110~160	0.2~0.5	0.1~0.30	0.2~0.35	0.08~0.20	0.2~0.4	0.15~0.25
	160~200	0.2~0.4	0.1~0.25	0.2~0.3	0.07~0.20	0.2~0.35	0.15~0.20
	200~240	0.15~0.3	0.1~0.20	0.12~0.25	0.05~0.15	0.15~0.30	0.12~0.20
	240~280	0.1~0.3	0.1~0.15	0.1~0.2	0.02~0.08	0.1~0.20	0.07~0.12
含碳量小于0.3%的合金钢	125~170	0.15~0.5	0.12~0.3	0.12~0.2	0.05~0.2	0.15~0.3	0.12~0.20
	170~220	0.15~0.4	0.12~0.25	0.1~0.2	0.05~0.1	0.15~0.25	0.07~0.15
	220~280	0.10~0.3	0.08~0.20	0.07~0.12	0.03~0.08	0.12~0.20	0.07~0.12
	280~320	0.08~0.2	0.05~0.15	0.05~0.1	0.025~0.05	0.07~0.12	0.05~0.10
含碳量大于0.3%的合金钢	170~220	0.125~0.4	0.12~0.30	0.12~0.2	0.12~0.2	0.15~0.25	0.07~0.15
	220~280	0.10~0.3	0.08~0.20	0.07~0.15	0.07~0.15	0.12~0.20	0.05~0.12
	280~320	0.08~0.2	0.05~0.15	0.05~0.12	0.05~0.12	0.07~0.12	0.05~0.10
	320~380	0.06~0.15	0.05~0.12	0.05~0.10	0.05~0.10	0.05~0.10	0.05~0.10
镁铝合金	95~100	0.15~0.38	0.125~0.3	0.15~0.20	0.05~0.15	0.2~0.3	0.07~0.2

3）铣削速度的选择。

合理的铣削速度是在保证加工质量和铣刀寿命的条件下确定的。铣削时影响铣削速度的主要因素有刀具材料的性质、刀具的寿命、工件材料的性质、加工条件及切削液的使用情况等。

粗铣时，由于金属切除量大，产生的热量多，切削温度高，为了保证合理的铣刀寿命，铣削速度要比精铣时低一些。在铣削不锈钢等韧性和强度高的材料，以及其他一些硬度和热强度等性能高的材料时，产生的热量更多，则铣削速度应进一步降低。另外，粗铣时由于铣削力大，故还需考虑机床功率是否足够，必要时可适当降低铣削速度，以减小铣削功率。

精铣时，由于金属切除量小，因此在一般情况下，可采用比粗铣时高一些的铣削速度。提高铣削速度的同时，又将使铣刀的磨损速度加快，从而影响加工精度，因此，精铣时限制铣削速度的主要因素是加工精度和铣刀寿命。有时为了提高加工精度和铣刀寿命，采用比粗铣时还要低的铣削速度，即低速铣削。尤其在铣削加工面积大的工件，即一次铣削宽而长的加工面时，采用低速铣削可使刀刃和刀尖的磨损量极少，从而获得高的加工精度。

表 4-8 是一般情况下推荐的粗铣时的铣削速度，在实际工作中须按实际情况加以修改。

表 4-8　粗铣时的铣削速度

加工材料				铣削速度 v /（m/min）	
名称	牌号	材料状态	硬度/HBS	高速钢铣刀	硬质合金铣刀
低碳钢	Q235 - A	热轧	131	25～45	100～160
	20	正火	156	25～40	90～140
中碳钢	45	正火	≤229	20～30	80～120
		调质	220～250	15～25	60～100
合金结构钢	40Cr	正火	179～229	20～30	80～120
		调质	200～230	12～20	50～80
	38CrSi	调质	255～305	10～15	40～70
	18CrMnTi	调质	≤217	15～20	50～80
	38CrMoAlA	调质	≤310	10～15	40～70
不锈钢	2Cr13	淬火回火	197～240	15～20	60～80
	1Cr18Ni9Ti	淬火	≤207	10～15	40～70
工具钢	9CrSi	—	197～241	20～30	70～110
	W18Cr4V	—	207～255	15～25	60～100
灰铸铁	HT150	—	163～229	20～30	80～120
	HT200	—	163～229	15～25	60～100
铜及铜合金	—	—	—	50～100	100～200
铝及铝合金	—	—	—	100～300	200～600

三、铣削方式

1. 周铣和端铣（图 4-8）

用刀齿分布在圆周表面的铣刀而进行铣削的方式叫作周铣；用刀齿分布在圆柱端面上的铣刀而进行铣削的方式叫作端铣。与周铣相比，端铣铣平面时较为有利，主要原因如下。

1）端铣刀的副切削刃对已加工表面有修光作用，能使粗糙度降低。周铣的工件表面则有波纹状残留。

2）同时参加切削的端铣刀齿数较多，切削力的变化程度较小，因此工作时振动较周铣小。

3）端铣刀的主切削刃刚接触工件时，切屑厚度不等于零，使刀刃不易磨损。

4）端铣刀的刀杆伸出较短，刚性好，刀杆不易变形，可用较大的切削用量。由此可见，端铣法的加工质量较好，生产率较高，所以铣削平面大多采用端铣。但是，周铣对加工各种形面的适应性较广，而有些形面如成形面等不能用端铣。

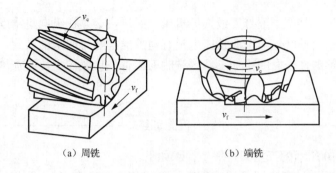

（a）周铣 （b）端铣

图 4-8 周铣和端铣

2. 逆铣和顺铣（图 4-9）

周铣有逆铣法和顺铣法之分。逆铣时，铣刀的旋转方向与工件的进给方向相反；顺铣时，铣刀的旋转方向与工件的进给方向相同。逆铣时，切屑的厚度从零开始渐增。实际上，铣刀的刀刃开始接触工件后，将在表面滑行一段距离后再切入金属，这就使得刀刃磨损，并增加加工表面的粗糙度。逆铣时，铣刀对工件有上抬的切削分力，影响工件安装在工作台上的稳固性。

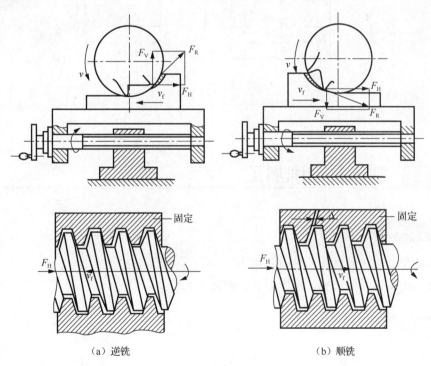

（a）逆铣 （b）顺铣

图 4-9 逆铣和顺铣

顺铣没有上述缺点，但是，顺铣时工件的进给量会受工作台传动丝杠与螺母之间间隙的影响。因为铣削的水平分力与工件的进给方向相同，铣削力忽大忽小，就会使工作台窜

动和进给量不均匀，甚至导致打刀或损坏机床，所以，必须在纵向进给丝杠处装有消除间隙的装置后才能采用顺铣。但一般铣床上没有消除丝杠螺母间隙的装置，所以只能采用逆铣法。另外，对铸锻件表面的粗加工，顺铣时刀齿首先接触黑皮，将加剧刀具的磨损，因此采用逆铣。

—————————— 巩固训练 ——————————

加工如图 4-10 所示的工型架，加工要求如下。

该零件公差等级为 IT12 且要求有较高的形状和位置精度。其中两相对的平面应互相平行（1 和 3、2 和 4），相邻平面应相互垂直；形槽对称中心平面应与底平面 4 垂直；各主要表面平整。

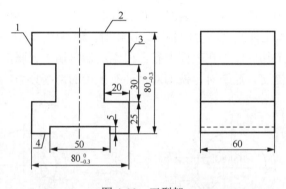

图 4-10　工型架

<h1>任务三　刨床及刨削加工</h1>

任务目标▶

1. 了解常见刨床的结构、特点与用途。
2. 掌握刨削刀具的选择、刨削方法、刨削工艺特点。

任务要求▶

在刨床上加工如图 4-11 所示的垫块，确定加工工艺步骤，学习后分小组进行加工。

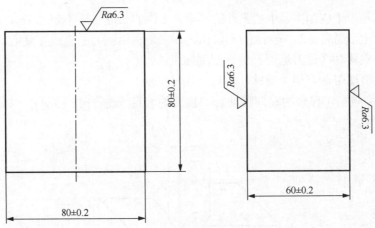

图 4-11　垫块

任务分析▶

用刨刀对工件做水平相对直线往复运动的切削加工方法叫刨削。

一、刨床的种类

刨床是金属切削机床的一个种类，是用刨刀对工件的平面、沟槽或成形表面进行刨削的机床。刨床可以刨削水平面、垂直面、斜面、直线曲面、台阶面、燕尾形工件、T 形槽、V 形槽等。

常见刨床种类有牛头刨床和龙门刨床。

1. 牛头刨床（图 4-12）

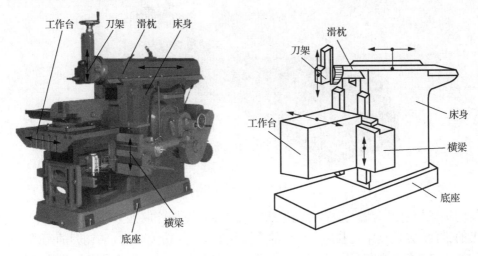

图 4-12　牛头刨床

牛头刨床是用来刨削中、小型工件的刨床，工件的长度一般不超过 1m。工件装夹在可调整的工作台上，或夹在工作台上的平口钳内，它是利用刨刀的直线往复运动（切削运动）和工作台的间歇移动（进刀运动）进行刨削加工的。

主运动：滑枕带动刀架（滑枕）的直线往复运动。

进给运动：包括工作台的横向移动 v_f 和刨刀的垂直（或斜向）移动 v_c，如图 4-13 所示。

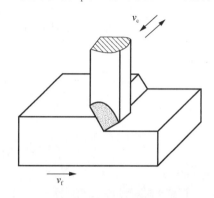

图 4-13　牛头刨床的进给运动

2. 龙门刨床（图 4-14）

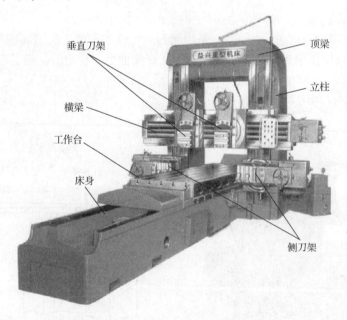

图 4-14　龙门刨床

龙门刨床是用来刨削大型工件的刨床，有些龙门刨床能够加工长度为十几米甚至几十米以上的工件。龙门刨床是利用工作台的直接往复运动（切削运动）和刨刀的间歇移动（进刀运动）来进行刨削加工的。龙门刨床又可分为单臂龙门刨床和双立柱龙门刨床两种。

主运动：工作台带动工件的直线往复运动。

进给运动：刨刀的横向或垂直间歇运动，如图 4-15 所示。

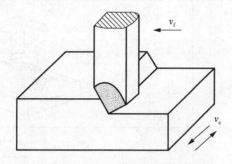

图 4-15　龙门刨床的进给运动

二、刨床的加工范围

刨床主要加工非旋转体如板类、箱体类及机座等平面，此外，在刨床上还可加工斜面、沟槽等。刨床的主要加工类型和加工示意图见表 4-9。

表 4-9　刨床的主要加工类型和加工示意图

加工类型	加工示意图
刨削水平面	
刨削垂直面	
刨削斜面	

续表

加工类型	加工示意图
刨削曲面	
刨削槽	
刨削 T 形槽	

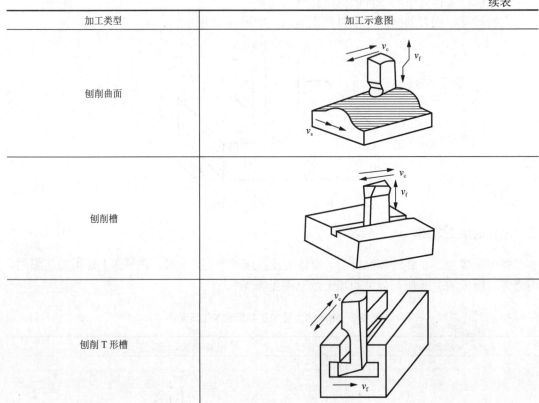

三、刨床的工艺特点

1. 刨床刀具简单，通用性好

刨削可以适应不同性质的加工，主要用来加工平面。特别是牛头刨床，虽然生产率低，但刀具简单，机床成本不高，所以在单件修配中应用甚广。

2. 生产率较低

因为刨床回程时不切削，加工是不连续的；一般用单刃刨刀进行加工，加工中冲击现象很严重，限制了刨削用量的进一步提高。所以，刨削加工生产率较低，一般用于单件小批生产。

3. 加工精度较低

一般刨床加工精度在 IT8～IT7 范围内，粗糙度 Ra 在 12.5～12.6μm 之间，但刨削加工可以保证一定的相互位置精度。

四、刨刀的种类和用途

1. 按刀杆结构分

1）直头刀。在切削时伸出距离可以短些，所以刚性好。

2）弯头刀。刀头部分做成向左、向右或向后弯曲的都叫弯头刀。向左和向右弯的弯头刨刀与偏刀相似，用来刨削复杂平面。而向后弯的则是常用的弯头刨刀，在切削时，受到大的切削力刀杆向后弯曲变形，不会啃弯工件，可以避免啃伤工件或崩刀，所以更适合于硬质合金刨刀。

2. 按加工形式分

1）平面刨刀。用于刨平面。

2）偏刀。用于刨垂直面。

3）切刀。用于切断材料和刨沟槽。

4）弯切刀。用于刨 T 形槽及侧面上槽。

5）角度偏刀。用于刨燕尾槽及角度。

6）内孔刀。用于刨内孔槽。

7）样板刀。用于刨成形面。

8）宽刃刀。用于精刨平面。

3. 按走刀方向分

1）右刨刀。当右手手掌放在刨刀上，手指朝向刀尖，主切削刃在大拇指的一边，称为右刨刀。

2）左刨刀。当左手手掌用上述方法放置时，主切削刃在大拇指的一边，称为左刨刀。

4. 按刀具结构形式分

1）整体式刨刀。由整块高速钢制成。

2）焊接式刨刀。在碳素钢的刀杆上，焊上刀片的一种刨刀，这种刨刀在焊接时容易产生裂纹，而且较大的刨刀刃磨困难，但由于制造简单，目前仍被广泛使用。

———————————— 巩固训练 ————————————

选择一台牛头刨床，进行空车操作。按图 4-11 所示完成刨削加工，并填写表 4-10。

表 4-10　牛头刨床的操作评价

名称	项目	配分	得分	评价
操作技能	刨床操作	20		
	刨垫块的长 80mm±0.2mm	20		
	刨垫块的宽 80mm±0.2mm	20		
	刨垫块的高 60mm±0.2mm	20		
职业素养	态度与能力	20		

项目五

钻削和镗削加工技术

项目描述 <<<<

在金属切削加工中，孔的加工约占金属切削的 1/3。钻床是生产中最常用的一种孔加工机床，镗床是另一种孔加工为主的机床。

本项目主要介绍钻削和镗削加工，钻床和镗床的种类及加工范围，孔加工刀具麻花钻钻头的规格与种类、组成、几何角度、刃磨方法和技巧等内容。

项目目标 <<<<

1. 了解常见钻床、镗床的结构种类及应用。
2. 熟悉钻削、镗削的加工方法。
3. 了解麻花钻、群钻、扩孔钻、镗刀、铰刀等孔加工刀具。

任务一 钻削加工

任务目标▶

了解常见钻削类型及应用。

任务要求▶

工件内孔的加工是机械加工的主要任务之一，除了可在车床上加工外，还可在钻床和镗床上加工。通过本任务的学习，要求学生能够在钻床上完成图 5-1 所示典型零件孔的加工。

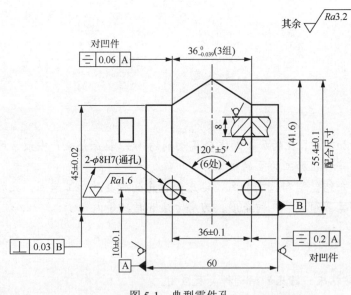

图 5-1 典型零件孔

任务分析▶

钻削加工是用钻头或扩孔钻等在钻床上加工模具零件孔的方法，其操作简便，适应性强，应用很广。钻削加工中钻削刀具与工件做相对运动和轴向进给运动。钻削加工所用机床多为普通钻床，主要类型有台式钻床、立式钻床及摇臂钻床。台式钻床主要用于加工0.1~13mm 孔径的小型模具零件孔，立式钻床主要用于加工中型模具零件孔，摇臂钻床主要用于加工大、中型模具零件孔。

一、钻床的种类和加工范围

1. 钻床的种类

钻孔经常在钻床和车床上进行。常用的钻床有台式钻床、立式钻床和摇臂钻床。在车床上钻孔时，工件装夹在卡盘上，钻头安装在尾架套筒锥孔内。

（1）台式钻床（图 5-2）

1—机头升降手柄；2—头架；3—主轴；4—进给手柄；5—底座；6—立柱；7—锁紧手柄；8—电动机。

图 5-2　台式钻床

台式钻床是放在工作台上的小型立式钻床，用于小型零件的小孔加工，孔的直径一般小于 12mm，手动操作，手动进给，结构简单，使用方便，小巧灵活。

（2）立式钻床（图 5-3）

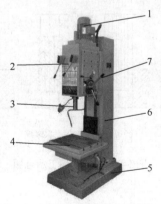

1—电动机；2—主轴箱和进给箱；3—主轴；4—工作台；5—底座；6—立柱；7—手动进给手柄。

图 5-3　立式钻床

立式钻床的主轴垂直布置，可沿轴线上下移动，加工时需移动工件使之与刀具中心线对中，操作不够方便，适于中小型工件上的单件、小批生产零件加工，机床整体刚度较好。

（3）摇臂钻床（图5-4）

1—立柱；2—立柱座；3—底座；4—工作台；5—主轴；6—摇臂。

图5-4　摇臂钻床

摇臂钻床的摇臂可绕立柱回转和升降，主轴箱可在摇臂上做水平移动，主轴箱可方便地上下移动和转动，主轴中心（刀具）与加工孔中心很易对中，适用单件小批生产中大而重的零件。

2. 钻床的加工范围（图5-5）

在钻床上采用不同的刀具，可进行钻孔、扩孔、铰孔、攻螺纹、锪孔、刮平面等加工，加工示意图如图5-5所示。

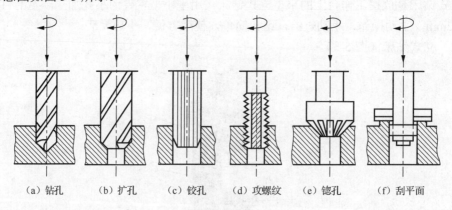

（a）钻孔　　（b）扩孔　　（c）铰孔　　（d）攻螺纹　　（e）锪孔　　（f）刮平面

图5-5　钻床的加工示意图

二、钻床上常用的夹具和工具

钻床上常用的夹具和工具及其外形图、应用示意图，见表5-1。

表 5-1　钻床上常用的夹具和工具及其外形图、应用示意图

名称	外形图	应用示意图
钻夹头与钻钥匙		
过渡锥套		
平口虎钳		
压板、T 形螺栓、阶梯垫铁		
V 形垫铁		

三、钻削用量

钻削用量包括三要素，分别为：切削速度、进给量和背吃刀量，具体情况如下。

（1）切削速度 v_c

切削速度即钻头切削刃外缘处的线速度：

$$v_c = \frac{\pi d n}{1000}$$

式中，v_c——切削速度，m/min；

　　　d——钻头直径，mm；

　　　n——钻头转速，r/min。

（2）进给量 f

进给量即钻头转一转时沿轴向移动的距离：

$$v_f = fn$$

式中，f——每转进给量，mm/r；

　　　v_f——进给速度（每分钟进给量），mm/min；

　　　n——钻头转速，r/min。

（3）背吃刀量 a_p

a_p：钻孔中心线到已加工表面的垂直距离（钻头半径），mm。

四、孔的其他加工方法

除车孔和镗孔外，还有扩孔、锪孔和铰孔等其他孔加工方法。

1. 扩孔

扩孔是用扩孔钻对已钻的孔做进一步的加工，从而扩大孔径、提高精度和降低表面粗糙度的加工方法。扩孔钻刚性好，无横刃，导向性好。

2. 锪孔

锪孔是用锪孔钻在预制孔的一端加工沉孔、锥孔、局部平面或球面等，以便安装坚固件的加工方法。

3. 铰孔

在半精加工的基础上对孔进行加工的方法称为铰。铰刀用于磨孔或研孔的加工，也常用于中小孔的半精加工和精加工。铰孔的方式有手铰和机铰两种。

铰刀由工作部分、颈部、柄部组成。工作部分包括切削部分和修光部分；切削部分为锥形，担负主要切削工作；修光部分有窄的棱边和倒锥，目的是减少与孔壁的摩擦和减小孔径扩张，同时校正孔径、修光孔壁和导向。铰刀又分为手铰刀和机铰刀两种。

—— 巩固训练 ——

完成图 5-1 所示的典型零件孔的加工，并将加工步骤和加工要点填入表 5-2 中。

表 5-2 典型零件孔的加工步骤及加工要点

序号	加工步骤	加工要点
1		
2		
3		
4		
5		
6		

任务二 镗削加工

任务目标 ▶

1. 识别镗床的类型及应用场合。
2. 掌握镗削加工的内容与方法。
3. 认识镗削刀具。

任务要求 ▶

你在日常生活中有没有见到过卧式镗床？知道它们的结构组成和工作原理吗？它们的用途又是什么呢？在完成本任务的学习后，熟悉镗床。

任务分析 ▶

一、镗床的种类及结构、加工方法及工艺

主要用镗刀对工件已有的预制孔进行镗削的机床叫镗床。通常，镗刀旋转为主运动，镗刀或工件的移动为进给运动。镗床主要用于加工高精度孔或一次定位完成多个孔的精加工，此外还可以从事与孔精加工有关的其他加工面的加工。使用不同的刀具和附件还可进

行螺纹、外圆和端面等的加工，钻削、铣削、切削的加工精度和表面质量要高于钻床。镗床是大型箱体零件加工的主要设备。

1. 镗床的种类及结构

生产中常用的镗床有卧式镗床、坐标镗床和精镗床等，如图5-6～图5-8所示。镗床特别适用于加工形状、位置要求较严格的孔系。

（1）卧式镗床

卧式镗床的结构如图5-6所示。

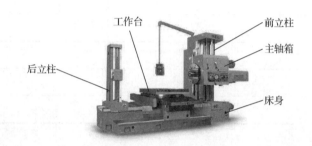

图5-6　卧式镗床

（2）坐标镗床

坐标镗床的结构如图5-7所示。

（3）精镗床

精镗床的结构如图5-8所示。

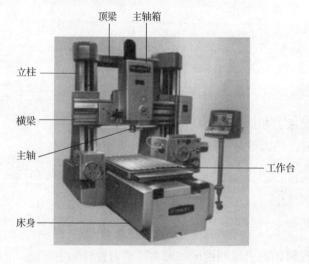

图5-7　坐标镗床

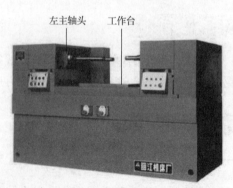

图5-8　精镗床

2. 镗削方法

在镗床上除镗孔外，还可以钻孔、扩孔与铰孔，以及用多种刀具进行平面、沟槽和螺纹的加工。镗削方法及示意图见表5-3。

表5-3　镗削方法及示意图

镗削方法	示意图
用主轴装夹镗杆，镗小直径孔	镗轴 平旋盘
用平旋盘上的镗刀，镗大直径孔	
用平旋盘上的径向刀架加工平面	径向刀架
钻孔	

镗削方法	示意图
用工作台进给镗螺纹	
用主轴进给镗螺纹	

3. 镗削的工艺特点

1）镗削是孔加工的主要方法之一。在镗床上镗孔是以刀具的旋转为主运动，特别适用于箱体、机架等结构复杂的大型零件上的孔加工。

2）镗削可以方便地加工直径很大的孔。

3）镗削能方便地实现对孔系的加工，可以获得很高的孔距精度。

4）镗床多种部件能实现进给运动，工艺适应能力强，能加工各种工件的多种表面。

5）镗孔的公差等级为 IT7～IT9，表面粗糙度 Ra 为 0.8～3.2μm。

6）镗孔的操作技术要求高，生产率低，较少用于大批量生产。

二、镗刀

镗刀是指在镗床、车床和组合机床等设备上进行镗孔的刀具。镗刀种类很多，按切削刃数量可分为单刃镗刀、双刃镗刀，如图 5-9 所示。

单刃镗刀结构简单，制造方便，通用性强，但刚度低。双刃镗刀有两条对称的切削刃同时参加切削。

1. 单刃镗刀特点

1）适应性广，灵活性大，可用于粗加工、半精加工和精加工。

2）预加工孔有轴线歪斜或有不大的位置偏差时，用单刃镗刀镗孔可以进行找正。

3）单刃镗刀刚度差，只有一个切削刃参与工作，生产率较低。

（a）普通单刃镗刀

（b）微调式镗刀

（c）双刃固定镗刀

（d）双刃浮动镗刀

图 5-9　镗刀

2. 双刃镗刀特点

1）消除了径向力对镗杆的作用而造成加工孔的误差。

2）所镗孔的孔径尺寸及形状精度由镗刀保证。

3）两面刀刃上都具有修光刃，能增大进给量，减小孔的表面粗糙度。

4）刀片及镗杆制造困难，成本较高。

3. 镗刀杆的材料

镗刀杆由钢、钨基高密度合金或硬质合金制成。合金钢是最常用的刀杆材料，也有一些镗刀杆制造商采用 AISI1144 碳钢。一种常见的误解是采用高硬度或高品质钢制造镗刀杆可以减小挠曲量，而从挠曲计算公式可以看出，决定挠曲的变量之一是弹性模量而非硬度。

钨、镍、铁、铜等高纯度金属粉末是烧结各种合金的典型元素，其中有些合金可用于制作镗刀杆和其他刀柄。用于制作镗刀杆的典型钨基高密度合金牌号是 K1700，用它们制成的镗刀杆在以相同切削参数进行镗削加工时，挠曲量可比相同直径和悬伸量的钢制刀杆减小 50%～60%。

用硬质合金制成的镗刀杆挠曲量非常小，因为其弹性模量比钢和高密度钨基合金高得多。制作镗刀杆的典型硬质合金牌号的碳化钨含量为 90%～94%，钴含量为 6%～10%。

4. 镗刀片的材料及几何参数

镗刀片可采用硬质合金、陶瓷、金属陶瓷、聚晶金刚石（PCD）、聚晶立方氮化硼（PCBN）等不同材料制成。硬质合金镗刀片大多采用 PVD 或 CVD 涂层。例如，PVD TiN 涂层适于加工高温合金和奥氏体不锈钢；PVD TiAlN 涂层用途广泛，适于加工大部分钢、钛合金、铸铁及有色金属合金。这两种涂层都涂覆于具有良好抗热变形和抗断续切削能力的硬质合金基体上。

陶瓷刀片牌号包括氧化铝（Al_2O_3）基和氮化硅（Si_3N_4）基两大类。氧化铝基陶瓷刀片又分为未涂层和 PVD TiN 涂层两类牌号。未涂层牌号具有较好的韧性和耐磨性，主要用于合金钢、工具钢和硬度大于 HRC60 的马氏体不锈钢的镗削加工。涂层牌号则用于淬硬钢、铸铁（硬度 HRC45 或更高）、镍基及钴基合金的精镗加工。

金属陶瓷是由陶瓷材料（钛基硬质合金）与金属（镍、钴）黏合剂组合而成的复合材料。金属陶瓷分为涂层牌号和未涂层牌号两类。未涂层牌号硬度较高，具有良好的抗积屑瘤和抗塑性变形能力，用于光洁度要求较高的合金钢精镗加工。多层 PVD 涂层牌号（两层 TiN 涂层之间夹一层 TiCN 涂层）可用于大部分碳钢、合金钢及不锈钢的高速精镗和半精镗加工；用于加工灰铸铁和球墨铸铁时，也可获得较长的刀具寿命和良好的表面光洁度。

PCD 是由金刚石微粉、黏合剂和催化剂在高温、高压下制成的超硬材料。PCD 刀片是将 PCD 刀尖焊接在硬质合金基体上制成的。PCD 刀具最有效的用途是加工过共晶铝合金（硅含量超过 12.6%）。PCD 刀具的切削刃能长久保持锋利，超过了任何其他刀具材料。此外，PCD 刀具适用于高速切削。

PCBN 的硬度仅次于 PCD。市场供应的 PCBN 刀片有多种结构形式，如焊接式 PCBN 刀片（将或大或小的 PCBN 刀尖焊接在硬质合金刀片上）、整体 PCBN 刀片、采用硬质合金基体的全加工面 PCBN 刀片等。PCBN 刀片牌号通常用于淬硬钢、工具钢、高速钢（45～60HRC）、灰铸铁、冷硬铸铁以及粉末冶金材料的精镗加工。PCBN 的一个独特性能是其室温硬度与切削时的高温硬度基本相同，这就使 PCBN 刀具在高速加工中可获得比加工相同工件的其他类型刀具更长的刀具寿命。

用户通过对刀片材料及几何参数、刀杆材料及切削力进行认真权衡和优选，就会使镗刀的挠曲减至最小，加工出符合要求的孔。

———————————————— 巩固训练 ————————————————

1. 结合卧式镗床实物，说出各部件名称及功能。
2. 空车运行镗床。

任务三　认识麻花钻

任务目标▶

1. 了解麻花钻的各部分组成。
2. 熟悉麻花钻的刃磨步骤。
3. 了解麻花钻的规格及种类。
4. 熟悉群钻、扩孔钻、镗刀和铰刀等孔加工刀具。

任务要求▶

加工如图 5-10 所示的工件，本任务将介绍孔加工刀具的相关知识，并刃磨 ϕ 9.8mm 的麻花钻，如图 5-11 所示。

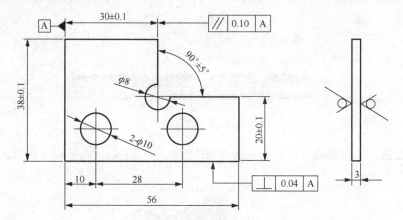

图 5-10　工件加工要求

图 5-11　麻花钻

任务分析▶

在金属切削中，孔加工占很大比例。孔加工的刀具种类很多，按其用途可分为两类：一类是在实心材料上加工出孔的刀具，如麻花钻、扁钻、深孔钻等；另一类是对工件已有孔进行再加工的刀具，如扩孔钻、铰刀、镗刀等。本任务主要介绍常用的孔加工刀具。

一、钻头的规格与种类

1. 钻头的规格

麻花钻的规格以直径表示，自 0.3mm 至 10mm，每隔 0.1mm 一支；自 10.5mm 至 32mm，每隔 0.5mm 一支；自 33mm 至 100mm，每隔 1mm 一支。

2. 钻头种类

1）麻花钻。麻花钻为应用最广泛的一种钻头，如图 5-11 所示。

2）油孔钻。油孔钻借压力将切削液注入深孔中，以降低切削热，用于钻深孔，如图 5-12 所示。

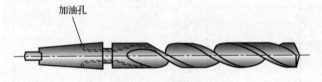

图 5-12　油孔钻

3）中心钻。中心钻由一小麻花钻头和 60° 锥孔铰刀组成，如图 5-13 所示。

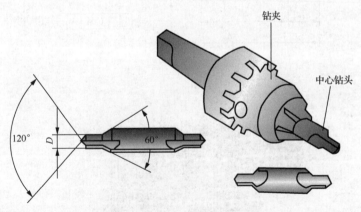

图 5-13　中心钻

二、麻花钻的组成

麻花钻由工作部分、柄部和颈部组成，如图 5-14 所示。

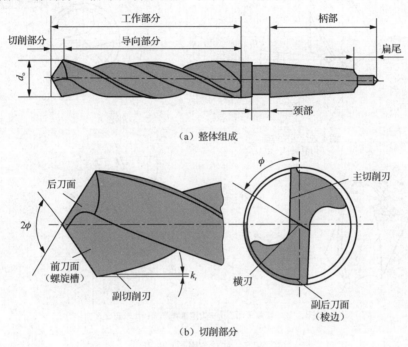

（a）整体组成

（b）切削部分

图 5-14　麻花钻的组成

1）工作部分。由切削部分和导向部分组成，担负切削任务。

2）柄部。夹持部分，有直柄和锥柄之分（直径 12mm 以下为直柄，12mm 以上为锥柄）。

3）颈部。工艺槽，打印钻头标记。

三、麻花钻的几何角度

麻花钻的几何角度如图 5-15 所示。

（1）基面和切削平面

切削刃上任一点的基面 p_r 是通过该点，且垂直于该点切削速度方向的平面。切削刃上任一点的切削平面 p_s 是包含该点切削速度方向，而又切于该点加工表面的平面。

（2）主切削刃的几何角度

1）前角 γ_0。前角是正交平面内前刀面与基面间的夹角。

2）后角 α_0。切削刃上任一点的后角，是该点的切削平面与后刀面之间的夹角。

3）顶角 2ϕ。两条主切削刃上在中剖面内投影的夹角。顶角一般取 118°。

4）横刃斜角 ψ。横刃与主切削刃在端面上投影的夹角，一般取 55°。

5）侧后角 α_f。侧后角是在假定工作平面内，后刀面与切削平面的夹角。

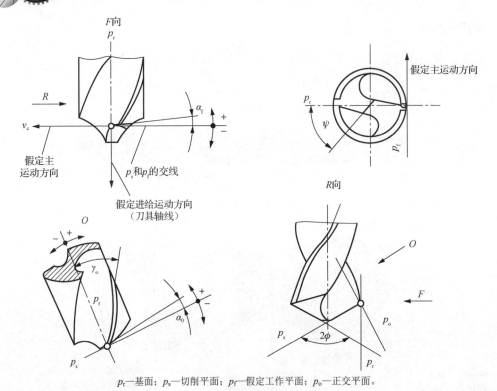

p_r—基面；p_s—切削平面；p_f—假定工作平面；p_o—正交平面。

图 5-15 麻花钻的几何角度

四、麻花钻刃磨的方法和技巧

标准麻花钻是一种非常普通的钻孔工具。它结构简单，刃磨方便，但要把它真正刃磨好，把刃磨的方法和技巧掌握好，对初学的学生来说，不是一件轻松的事。工厂里工作了十几年的工人有时也磨不好麻花钻。这是什么原因呢？关键是方法和技巧。方法掌握了，问题就会迎刃而解。学生在工艺课中都已经学过了标准麻花钻的相关知识，标准麻花钻的刃磨要求如下。

1）顶角 2ϕ 为 $118° \pm 2°$。

2）孔缘处的后角 α_0 为 $10° \sim 14°$。

3）横刃斜角 ψ 为 $50° \sim 55°$。

4）两主切削刃长度以及和钻头轴心线组成的两个角要相等。

5）两个主后刀面要刃磨光滑。

只有理论是不够的，学生一定要站在砂轮机前亲自动手，动手不是盲目刃磨。如果不是手把手地指导学生刃磨的方法和技巧，那么理论知识再好的学生，第一次去刃磨一个标准麻花钻，十有八九是不能钻削的。因为理论还没有对实践起指导作用，学生还没有掌握刃磨的技能和技巧。常用的标准麻花钻虽然只刃磨两个主后刀面和修磨横刃，但在刃磨以后要保证顶角、横刃斜角以及两主切削长短相等，左右等高，而且在修磨横刃以后，使钻头在钻孔过程中切削轻快，排屑正常，确实有一定的难度。刃磨过程可以总结为四句口诀。

1）口诀一：刃口摆平轮面靠。这是钻头与砂轮相对位置的第一步，经常有学生还没有把刃口摆平就靠在砂轮上开始刃磨，这样肯定是磨不好的。这里的"刃口"是主切削刃；"摆平"是指被刃磨部分的主切削刃处于水平位置；"轮面"是指砂轮的表面；"靠"是慢慢靠拢的意思。此时钻头还不能接触砂轮。

2）口诀二：钻轴斜放出锋角。这里是指钻头轴心线与砂轮表面之间的位置关系。"锋角"即顶角 118°±2° 的一半，约为 60°，这个位置很重要，直接影响钻头顶角大小及主切削刃形状和横刃斜角。

口诀一和口诀二都是指钻头刃磨前的相对位置，二者要统筹兼顾，不要为了摆平刃口而忽略了摆好斜角，或为了摆好斜放轴线而忽略了摆平刃口。在实际操作中往往会出这些错误。此时钻头在位置正确的情况下准备接触砂轮。

3）口诀三：由刃向背磨后面。这里是指从钻头的刃口开始沿着整个后刀面缓慢刃磨，这样便于散热和刃磨。在稳定巩固口诀一、口诀二的基础上，此时钻头可轻轻接触砂轮，进行较少量的刃磨，刃磨时要观察火花的均匀性，要及时调整压力大小，并注意钻头的冷却。当冷却后重新开始刃磨时，要继续摆好口诀一、口诀二的位置。

4）口诀四：上下摆动尾别翘。这个动作在钻头刃磨过程中也很重要，在刃磨时会出现将"上下摆动"变成"上下转动"的情况，这样会使钻头的另一主刀刃被破坏。同时钻头的尾部不能高翘于砂轮水平中心线以上，否则会使刃口磨钝，无法切削。在上述四句口诀中的动作要领基本掌握的基础上，还应注意钻头的后角不能磨得过大或过小。可以用一支过大后角的钻头和另一支过小后角的钻头在台钻上试钻。当试钻时，钻头排屑轻快，无振动，孔径无扩大，则可以较好地转入其他类型钻头的刃磨练习。

———————————————— 巩固训练 ————————————————

刃磨直径 9mm 的麻花钻，并将刃磨步骤和要求填入表 5-4 中。

表 5-4 直径 9mm 的麻花钻刃磨步骤和要求

序号	刃磨步骤	要求
1		
2		
3		
4		
5		
6		

项目六

磨削加工技术

项目描述 ≪≪

在高精度加工范围内，根据加工精度水平的不同，还可以进一步划分为精密加工、超精密加工和纳米加工三个档次。手表中零部件的表面粗糙度要求较高，加工制作时也需用到磨床进行抛光。

本项目主要介绍磨床的结构及工作原理、磨削加工方法等内容。

项目目标 ≪≪

1. 了解磨床的结构及工作原理。
2. 熟悉磨削方法，能够磨削零件。

任务一　认识磨床

1. 知道磨床的结构及工作原理。
2. 识别常见磨床的类型及应用场合。

任务要求▶

能说出万能外圆磨床各部分结构的名称与主要作用。

任务分析▶

磨削是用磨具以较高的线速度对工件表面进行加工的方法。

磨削时，砂轮的回转运动是主运动；根据不同的磨削内容，进给运动可以是砂轮的轴向、径向移动，工件的回转运动，工件的纵向、横向移动等。

一、万能外圆磨床的结构

万能外圆磨床主要用于磨削圆柱形或圆锥形的内、外圆表面，还可以磨削台阶轴的轴肩和端平面。万能外圆磨床的结构如图 6-1 所示。

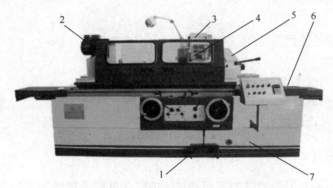

1—踏板；2—头架；3—内圆磨头；4—砂轮架；5—尾座；6—工作台；7—床身。

图 6-1　万能外圆磨床的结构

1）床身。用来支撑磨床其他部件。

2）头架。用来装夹工件。

3）砂轮架。用来支撑砂轮主轴。

4）工作台。工作台可偏转一定角度，以便磨削锥面的工作。

5）尾座。用来支撑工件的另一端。

6）内圆磨头。用来磨削内圆。

二、万能外圆磨床的工作原理

图 6-2 所示为万能外圆磨床典型加工示意图。

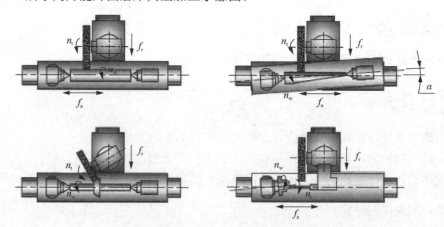

图 6-2　万能外圆磨床典型加工示意图

磨床的主运动与进给运动如下。

（1）主运动

磨削外圆时砂轮的回转运动；磨削内圆时内圆磨头磨具（砂轮）的回转运动。

（2）进给运动

1）工件的圆周进给运动，即头架主轴的回转运动。

2）工作台的纵向进给运动，由液压传动实现。

3）砂轮架的横向进给运动，为步进运动。

三、磨削加工的特点

磨削加工是一种常用的半精加工和精加工方法。砂轮是磨削加工的切削工具，磨削是由砂轮表面大量随机分布的磨粒在工件表面进行滑擦、刻划和切削三种作用的综合结果。磨削加工的基本特点如下。

1）磨削。切削速度快、温度高。普通外圆在磨削时切削速度 v=35m/s，高速磨削时 v＞50m/s。磨削产生的切削热 80%～90% 传入工件（10%～15% 传入砂轮，1%～10% 由磨屑带走），加上砂轮的导热性很差，易造成工件表面烧伤和微裂纹。因此，磨削时应采用大量的切削液以降低磨削温度。

2）能获得高的加工精度和小的表面粗糙度。加工精度可达 IT6～IT4，表面粗糙度 Ra 可达 0.8～0.02μm。磨削不但可以精加工，还可以粗磨、荒磨、重载荷磨削。

3）磨削的背向磨削力大。因磨粒负前角很大，且切削刃钝圆半径 r_n 较大，导致背向磨削力大于切向磨削力，造成砂轮与工件的接触宽度较大，引起工件、夹具及机床产生弹性变形，影响加工精度。因此，在加工刚性较差的工件时（如磨削细长轴），应采取相应的措施，防止因工件变形而影响加工精度。

4）砂轮有自锐作用。在磨削过程中，有的磨粒破碎产生较锋利的新棱角，有的磨粒脱落而露出一层新的锋利磨粒，能够部分地恢复砂轮的切削能力，这种现象叫作砂轮的自锐作用，有利于磨削加工。

5）能加工高硬度材料。磨削除可以加工铸铁、碳钢、合金钢等一般结构材料外，还能加工一般刀具难以切削的高硬度材料，如淬火钢、硬质合金、陶瓷和玻璃等，但不宜精加工塑性较大的有色金属工件。

四、磨床的类型

磨床的种类很多，按用途和采用的工艺方法不同，大致可分为以下几类。

1. 外圆磨床

外圆磨床主要用于磨削回转表面，可分为普通外圆磨床和万能外圆磨床。普通外圆磨床可磨削工件的外圆柱面和外圆锥面，万能外圆磨床（图 6-3）在普通外圆的基础上还能磨削内圆柱面、内圆锥面和端面。外圆磨床的主要参数为最大磨削直径。

2. 内圆磨床

内圆磨床主要用于磨削圆柱、圆锥或其他形状的内孔表面及其端面。内圆磨床可分为普通内圆磨床（图 6-4）、无心内圆磨床及行星内圆磨床等。

图 6-3　万能外圆磨床

图 6-4　普通内圆磨床

3. 平面磨床

平面磨床用于磨削各种平面，包括卧轴矩台平面磨床（图 6-5）、立轴矩台平面磨床、卧轴圆台平面磨床及立轴圆台平面磨床等。工作台可分为矩形工作台和圆形工作台两种，矩形工作台平面磨床的主要参数为工作台台面宽度，圆台平面磨床的主要参数为工作台台面直径。

4. 工具磨床

工具磨床用于磨削各种工具，如样板或卡板等，包括工具曲线磨床、钻头沟槽（螺旋槽）磨床、卡板磨床及丝锥沟槽磨床（图 6-6）等。

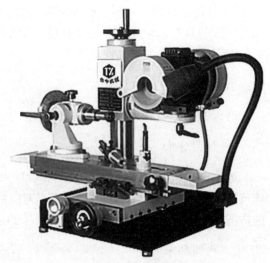

图 6-5 卧轴矩台平面磨床　　　　　　　图 6-6 丝锥沟槽磨床

5. 刀具、刃具磨床

刀具、刃具磨床用于刃磨各种切削刀具，包括万能工具磨床（能刃磨各种常用刀具）（图 6-7）、拉刀刃磨床及滚刀刃磨床等。

6. 专门化磨床

专门化磨床专门用于磨削一类零件上的一种表面，包括曲轴磨床（图 6-8）、凸轮轴磨床、花键轴磨床、活塞环磨床、球轴承套圈沟磨床及滚子轴承套圈滚道磨床等。

7. 研磨机

研磨机（图 6-9）以研磨剂为切削工具，用于对工件进行光整加工，以获得很高的精度和很小的表面粗糙度。

图 6-7 万能工具磨床

图 6-8 曲轴磨床

8. 其他磨床

其他磨床包括珩磨机、抛光机（图 6-10）、超精加工机床及砂轮机等。

图 6-9 研磨机

图 6-10 抛光机

———— 巩固训练 ————

1. 结合万能外圆磨床实物，指出各部分结构的名称并说出其作用。
2. 空车运行万能外圆磨床。

机械加工技术

任务二 磨削加工

任务目标▶

1. 掌握一般零件的磨削方法。
2. 知道磨削用量的相关概念及计算方法。
3. 了解不同表面的磨削方法。

任务要求▶

　　分析图6-11所示传动轴的表面质量要求，并用磨削加工方法加工表面，以达到表面质量要求。

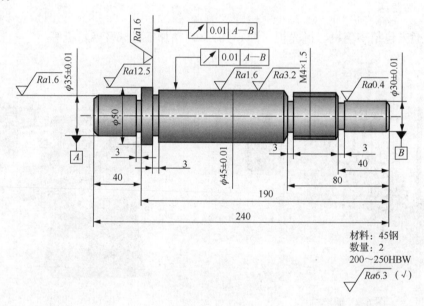

材料：45钢
数量：2
200～250HBW

图6-11　传动轴

任务分析▶

一、砂轮

　　砂轮是磨削加工中最主要的一类磨具。砂轮是在磨料中加入黏合剂并经压坯、干燥和焙烧而制成的多孔体。由于磨料、黏合剂及制造工艺不同，砂轮的特性差别很大，因此对磨削的加工质量、生产率和经济性有着重要影响。砂轮的特性主要是由磨料、粒度、黏合剂、硬度、组织、形状和尺寸等因素决定。

1. 砂轮的分类

砂轮种类繁多，按所用磨料可分为普通磨料（刚玉（Al_2O_3）和碳化硅等）砂轮和超硬磨料（金刚石和立方氮化硼）砂轮；按砂轮形状可分为平行砂轮、斜边砂轮、筒形砂轮、杯形砂轮、碟形砂轮等；按黏合剂可分为陶瓷砂轮、树脂砂轮、橡胶砂轮、金属砂轮等，如图 6-12 所示。

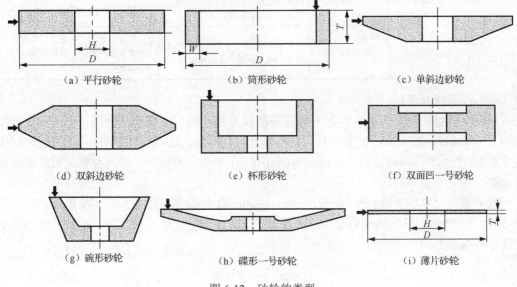

（a）平行砂轮　　　　　　（b）筒形砂轮　　　　　　（c）单斜边砂轮

（d）双斜边砂轮　　　　　（e）杯形砂轮　　　　　　（f）双面凹一号砂轮

（g）碗形砂轮　　　　　　（h）碟形一号砂轮　　　　　（i）薄片砂轮

图 6-12　砂轮的类型

2. 砂轮的属性

因为砂轮是用磨料和黏合剂等制成的，所以砂轮的特性由磨料、粒度、黏合剂、硬度等因素来决定，现分别介绍如下。

（1）磨料及其选择

磨料是制造砂轮的主要原料，它担负着切削工作，因此，磨料必须锋利，并具备高的硬度、良好的耐热性和一定的韧性。常用磨料的名称、代号、特性和用途见表 6-1。

表 6-1　常用磨料

类别	名称	代号	特性	用途
氧化物系	棕刚玉	A（GZ）	含 91%～96%氧化铝。棕色，硬度高，韧性好，价格便宜	磨削碳钢、合金钢、可锻铸铁、硬青铜等
	白刚玉	WA（GB）	含 97%～99% 的氧化铝。白色，比棕刚玉硬度高，韧性低，自锐性好，磨削时发热少	精磨淬火钢、高碳钢、高速钢及薄壁零件

类别	名称	代号	特性	用途
碳化物系	黑色碳化硅	C（TH）	含 95%以上的碳化硅。呈黑色或深蓝色，有光泽。硬度比白刚玉高，性脆而锋利，导热性和导电性良好	磨削铸铁。黄铜、铝、耐火材料及非金属材料
	绿色碳化硅	GC（TL）	含 97%以上的碳化硅。呈绿色，硬度和脆性比 TH 更高，导热性和导电性好	磨削硬质合金、光学玻璃、宝石、玉石、陶瓷、珩磨发动机气缸套等
超硬磨料	人造金刚石	D（JR）	无色透明或淡黄色、黄绿色、黑色。硬度高，比天然金刚石性脆。价格比其他磨料贵好多倍	磨削硬质合金、宝石等高硬度材料
	立方氮化硼	CBN （JLD）	立方形晶体结构，硬度略低于金刚石，强度较高，导热性能好	磨削、研磨、珩磨各种既硬又韧的淬火钢和高钼、高矾、高钴钢、不锈钢

（2）粒度及其选择

粒度指磨料颗粒的大小，可分为磨粒与微粉两组。磨粒用筛选法分类，它的粒度号以筛网上 1in（1in=2.54cm）长度内的孔眼数来表示。例如，60#粒度的磨粒，说明能通过每英寸有 60 个孔眼的筛网，而不能通过每英寸有 70 个孔眼的筛网。120#粒度说明能通过每英寸有 120 个孔眼的筛网。

对于磨粒尺寸小于 40μm（微米，1mm=1000μm）的磨料，称为微粉。微粉用显微测量法分类，它的粒度号以"W+数字"的形式表示，数字即微粉的实际尺寸。各种粒度号的磨粒尺寸见表 6-2。

表 6-2　磨粒尺寸表

粒度号	磨粒尺寸/μm	粒度号	磨粒尺寸/μm	粒度号	磨粒尺寸/μm
14 #	1600～1250	70 #	250～200	W40	40～28
16 #	1250～1000	80 #	200～160	W28	28～20
20 #	1000～800	100 #	160～125	W20	20～14
24 #	800～630	120 #	125～100	W14	14～10
30 #	630～500	150 #	100～80	W10	10～7
36 #	500～400	180 #	80～63	W7	7～5
46 #	400～315	240 #	63～50	W5	5～3.5
60 #	315～250	280 #	50～40	W3.5	3.5～2.5

磨料粒度的选择，主要与加工表面粗糙度和生产率有关。粗磨时，磨削余量大，要求的表面粗糙度较大，应选用较粗的磨粒。因为磨粒粗、气孔大，磨削深度较大，砂轮不易堵塞和发热。精磨时，余量较小，要求粗糙度较低，可选取较细磨粒。一般来说，磨粒越细，磨削表面粗糙度越好。

（3）黏合剂及其选择

黏合剂的作用是将磨粒黏合在一起，使砂轮具有必要的形状和强度。

1）陶瓷黏合剂（V）。化学稳定性好、耐热、耐腐蚀、价廉，但性脆，不宜制成薄片，不宜高速运行，线速度一般为35m/s。

2）树脂黏合剂（B）。强度高，弹性好，耐冲击，适于高速磨或切槽切断等工作，但耐腐蚀和耐热性差（300℃），自锐性好。

3）橡胶黏合剂（R）。强度高，弹性好，耐冲击，适于抛光轮、导轮及薄片砂轮，但耐腐蚀和耐热性差（200℃），自锐性好。

4）金属黏合剂（M）。青铜、镍等，强度、韧性高，成型性好，但自锐性差，适于金刚石、立方氮化硼砂轮。

（4）硬度及其选择

砂轮的硬度是指砂轮表面上的磨粒在磨削力作用下脱落的难易程度。砂轮的硬度软，表示砂轮的磨粒容易脱落；砂轮的硬度硬，表示磨粒较难脱落。砂轮的硬度和磨料的硬度是两个不同的概念。同一种磨料可以做成不同硬度的砂轮，主要决定于黏合剂的性能、数量以及砂轮制造的工艺。磨削与切削的显著差别是砂轮具有自锐性，选择砂轮的硬度，实际上就是选择砂轮的自锐性，希望还锋利的磨粒不要太早脱落，也不要磨钝了还不脱落。

选择砂轮硬度的一般原则是：加工软金属时，为了使磨料不致过早脱落，则选用硬砂轮；加工硬金属时，为了能及时地使磨钝的磨粒脱落，从而露出具有尖锐棱角的新磨粒（即自锐性），应选用软砂轮。前者是因为在磨削软材料时，砂轮的工作磨粒磨损很慢，不需要太早的脱离；后者是因为在磨削硬材料时，砂轮的工作磨粒磨损较快，需要及时更新。

精磨时，为了保证磨削精度和粗糙度，应选用稍硬的砂轮。工件材料的导热性差，易产生烧伤和裂纹时（如磨硬质合金等），选用的砂轮应软一些。

二、磨削用量

1. 磨削速度 v_c

磨削速度 v_c 即砂轮的圆周速度，为砂轮外圆表面上任一磨粒在1s内所通过的路程。

$$v_c = \frac{\pi D_o n_o}{1000 \times 60}$$

式中，v_c——磨削速度，m/s；

$\quad\quad D_o$——砂轮直径，mm；

$\quad\quad n_o$——砂轮转速，r/min。

2. 背吃刀量 a_p

对于外圆磨削，背吃刀量又称横向进给量，即工作台每次纵向往复行程终了时，砂轮在横向移动的距离。

3. 纵向进给量 f

外圆磨削时，纵向进给量是指工件每回转一周，沿自身轴线方向相对砂轮移动的距离。

4. 工件的圆周速度 v_w

圆柱面磨削时，工件待加工表面的线速度，又称工件圆周进给速度。

$$v_w = \frac{\pi D_w n_w}{1000}$$

式中，v_w——工件的圆周速度，m/min；

D_w——工件直径，mm；

n_w——工件转速，r/min。

三、磨削方法

1. 内圆磨削方法

内圆磨削方法见表 6-3。

表 6-3　内圆磨削方法

方法	纵向磨削法	横向磨削法
图示		
磨削过程	与外圆的纵向磨削法相同，砂轮高速回转做主运动，工件以与砂轮回转方向相反的低速回转完成圆周进给运动，工作台沿被加工孔的轴线方向做往复移动，完成工件的纵向进给运动，在每一次往复行程终了时，砂轮沿工件径向周期横向进给	磨削时，工件只做圆周进给运动，砂轮的高速回转为主运动，同时以很慢的速度连续或断续地向工件做横向进给运动，直至孔径磨到规定尺寸

内圆磨削特点：

1）一方面磨削速度难以提高，另一方面磨具刚度较差，容易振动，使加工质量和生产率受到影响。

2）砂轮容易堵塞、磨钝，磨削时不易观察，冷却条件差。

3）在万能外圆磨床上用内圆磨头磨削内圆主要用于单件、小批量生产，在大批量、大量生产中则宜使用内圆磨床磨削。

2. 在外圆磨床上磨外圆锥

在外圆磨床上磨外圆锥主要有转动工作台法、转动头架法和转动砂轮架法，示意图如

图 6-13 所示。

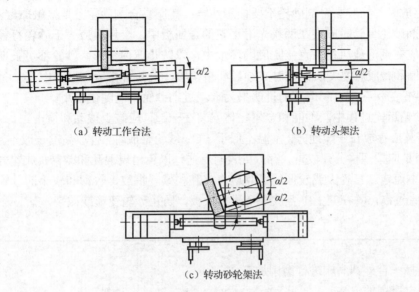

（a）转动工作台法　　　　　（b）转动头架法

（c）转动砂轮架法

图 6-13　在外圆磨床上磨外圆锥的方法示意图

3. 在平面磨床上磨平面（图 6-14）

在平面磨床上磨平面主要有横向磨削法、深度磨削法、阶梯磨削法，示意图如图 6-14 所示。

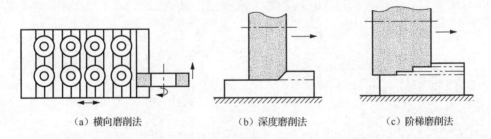

（a）横向磨削法　　　　　（b）深度磨削法　　　　　（c）阶梯磨削法

图 6-14　在平面磨床上磨平面的方法示意图

平面磨削是在铣、刨基础上进行精加工，经磨削后平面的尺寸精度可达公差等级 IT6～IT5，表面粗糙度 Ra 达 0.8～0.2μm。

四、砂轮的保管和运输

砂轮强度较低且易受温度、湿度、振动、碰撞、挤压及储存时间等因素的影响，正确地保管运输砂轮，对防止事故具有重要意义。为此，应做到以下几点：

1）砂轮应存放在专用的储存架上。

2）砂轮存放应尽可能地减少搬运，以防碰击和振动产生裂纹。砂轮质脆，请勿撞击、坠落及碰撞。

3）存放时，橡胶黏合剂砂轮不要接触油类；树脂黏合剂砂轮不要接触碱溶液。树脂、橡胶黏合剂砂轮保管时应夹在两块光滑平整的金属板中，金属板应大于砂轮直径。另外，砂轮不要放在潮湿或风机下直接吹风的环境中，以防止弯曲变形。砂轮不可长期存放，超过一年树脂和橡胶容易变质，此时必须经严格检验，检验合格后方可使用。

4）砂轮的保存应以制造厂的说明书为准，过期砂轮不能随便使用。

5）砂轮运输过程中，不能和金属物体安装在一起，应减少振动和撞击。

6）磨具应存放在干燥地方，室温不低于 5℃；砂轮叠放时，叠放高度一般不超过 1.5m。

7）磨具应按规格分开放置，存放处设有标志，以免出现混乱和差错，放置方法应视磨削形状大小而定。直径大或较厚的磨具应直立和稍倾斜摆放，较薄和较小的砂轮应平叠摆放，但不宜过高，并在其上下各放一个平整铁板，防止砂轮变形或破裂。

———————————— 巩固训练 ————————————

1. 选择一台外圆磨床进行磨削加工。
2. 确定磨削的方法。
3. 确定砂轮的选择和工件的装夹方法，确定磨削用量及磨削步骤。

项目七

滚齿与插齿加工技术

项目描述 ◀◀◀

齿轮在各种机械、汽车、船舶、仪器仪表中被广泛应用，是用来传递运动和动力的重要零件。齿轮的齿廓有渐开线、摆线、圆弧等，以渐开线齿轮最常用。齿轮的加工可以分为齿坯加工和齿面加工两个阶段，齿坯属于成品类零件，齿坯的加工通常由车削方法完成；齿面的加工往往是通过滚齿、插齿等方法来完成的。在本项目中仅介绍应用最广的渐开线直齿圆柱齿轮齿面的加工方法。

项目目标 ◀◀◀

1. 了解齿轮加工常用机床。
2. 熟悉齿轮加工的原理。
3. 掌握齿轮加工的方法及各加工方法的优缺点。

任务一 滚齿加工

1. 认识滚齿加工的机床，了解滚齿加工的原理。
2. 了解滚齿加工的刀具及夹具。
3. 熟悉滚齿加工的缺陷。

直齿圆柱齿轮如图 7-1 所示。通过本任务的学习后，能了解滚齿机的工作原理、插齿机的工艺特点和结构及齿轮加工工艺。

图 7-1 直齿圆柱齿轮

一、滚齿机

1. 滚齿机的种类

滚齿机是齿轮加工机床中应用最广泛的一种机床，在滚齿机上可切削直齿、斜齿圆柱齿轮，还可加工蜗轮、链轮等。滚齿机按布局可分为立式滚齿机和卧式滚齿机两类。

1）滚齿机多数是立式结构，立式滚齿机用来加工直齿或斜齿的外啮合圆柱齿轮及蜗轮，如图 7-2 所示。

2）卧式滚齿机主要用于仪表工业中加工小模数齿轮和齿轮轴、花键轴等，如图 7-3 所示。

图 7-2　立式滚齿机

图 7-3　卧式滚齿机

2. 典型滚齿机

滚齿加工是依照交错轴螺旋齿轮啮合原理进行的。用齿轮滚刀加工的过程相当于一对螺旋齿轮啮合的过程。

滚齿时，齿廓的成型方法是展成法，成型滚刀旋转运动和工件旋转运动组成的复合运动就是展成运动，再加上滚刀沿工件轴线垂直方向的进给运动，就可切出整个齿长，其中比较典型的是 Y3150E 普通滚齿机，如图 7-4 所示。

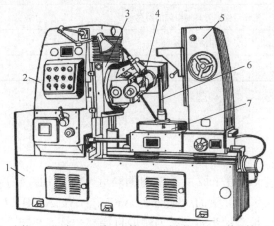

1—床身；2—主柱；3—刀架；4—滚刀主轴；5—后立柱；6—工件心轴；7—工作台。

图 7-4　Y3150E 普通滚齿机

1）Y3150E 普通滚齿机的主要部件如下。

① 立柱和床身。立柱固定在床身上。

② 刀架和立柱。刀架溜板可沿立柱上的导轨垂直移动。

③ 滚刀主轴。滚刀用刀杆装夹在刀架体中的主轴上。

④ 工件心轴。工件装夹在工件心轴上，随同工作台一起旋转。

⑤ 后立柱和工作台。后立柱和工作台安装在床鞍上可沿床身的水平导轨移动，用于调整工件的径向位置或做径向进给运动。后立柱上的支架可用轴套或顶尖支撑心轴上端，以提高工件的装夹刚性。

2）Y3150E 普通滚齿机主要技术性能见表 7-1。

表 7-1　Y3150E 普通滚齿机主要技术性能

序号	参数名称	技术参数
1	加工工件最大直径	500mm
2	加工工件最大模数	8mm
3	加工工件最大齿宽	250mm
4	工件最少齿轮段	5×滚刀头数
5	刀具最大直径	160mm
6	刀具最大长度	160mm
7	刀具最大轴向移动量	55mm
8	刀架最大回转角度	240°
9	工件轴心到刀具轴心间的距离	30～330mm
10	工作台面到刀具轴心间的距离	235～535mm
11	主电动机功率	4kW
12	转速	1430r/min

二、滚刀

1. 滚刀精度等级

滚切齿形的精度很大程度上取决于滚刀的精度，要滚切高精度的齿轮，必须选用高精度的滚刀，如图 7-5 所示。滚刀一般分为 AAA、AA、A、B、C 五个精度等级，分别加工 6、7、8、9、10 级精度的齿轮。滚刀精度每提高一级，在制造上的难度和成本都会增加，因此，加工时应该合理地选用滚刀精度，避免用高精度滚刀做粗加工，以免损伤滚刀精度。

图 7-5 高精度滚刀

2. 滚刀的种类

生产中滚刀的分类方法很多，按照结构不同可以分为整体式（加工较小模数齿轮，一般 m=10mm）、镶齿式（加工大模数齿轮，一般 m>10mm），如图 7-6 所示；按照容屑槽不同可以分为直槽式滚刀和螺旋槽滚刀，如图 7-7 所示；按照模数不同可以分为小模数（m=0.1～1.5mm）、中模数（m=1.5～10mm）和大模数（m=10～100mm）三种；按切削部分材料可分高速工具钢滚刀、硬质合金滚刀等；按照加工用途可分粗加工滚刀、精加工滚刀和剃前滚刀三种。

（a）整体式滚刀

（b）镶齿式滚刀

（a）直槽式滚刀

（b）螺旋槽滚刀

图 7-6 按照结构分类的滚刀

图 7-7 按容屑槽分类的滚刀

3. 滚刀的安装

1）滚刀旋转方向和展成运动方向的确定。滚刀的旋转方向由滚刀安装后的前、后刀面的位置所确定。

右旋滚刀用左手法则判定展成运动方向。其方法是左手四个手指表示滚刀的旋转方向，大拇指所指方向为切削点上齿轮的速度方向，这时工作台带动工件逆时针回转，如图 7-8（a）所示。

左旋滚刀用右手法则判定展成运动方向。其方法是右手四个手指表示滚刀的旋转方向，大拇指所指方向为切削点上齿轮的速度方向，这时工作台带动工件顺时针回转，如图 7-8（b）所示。

当滚刀的旋转方向一定时，展成运动的方向只与滚刀的螺旋线方向有关。

2）滚刀刀架扳动角度的方法滚刀。滚刀轴线应该与齿轮端面倾斜一个 $\gamma_{安}$（安装角）。图 7-9 所示为滚切直齿和斜齿圆柱齿轮加工时滚刀与被加工齿轮间的安装角，图中 λ_f 为滚刀螺旋升角，β_f 为被切齿轮螺旋角。当被加工的斜齿轮与滚刀的螺旋线方向相反时取"+"号，与螺旋线方向相同时取"-"号。

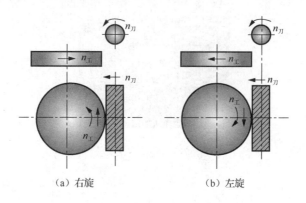

（a）右旋   （b）左旋

图 7-8   滚刀展成运动的旋转方向

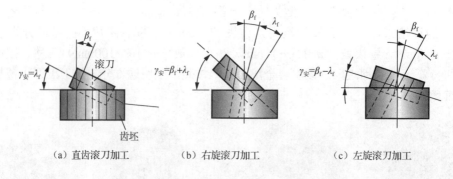

（a）直齿滚刀加工   （b）右旋滚刀加工   （c）左旋滚刀加工

图 7-9   滚切直齿和斜齿圆柱齿轮加工时滚刀与被加工齿轮间的安装角

4. 滚刀的合理使用

1）齿轮滚刀的磨损和窜刀各刀齿磨损不均，齿轮中线处刀齿磨损较严重。确定滚刀长度时应考虑轴向窜刀长度，标准滚刀长度为导程的 4～5 倍。

2）齿轮滚刀螺旋方向的选择。齿轮滚刀螺旋方向根据被切齿轮旋向而定，被切齿轮螺旋角 $\beta_f \leqslant 10°$ 时，滚刀做成右旋；$\beta_f > 10°$ 时，滚刀螺旋方向应与被切齿轮旋向相同，以减小滚刀的安装角，减小切入端负荷。

3）滚刀的刃磨和检验。

① 刃磨后必须保证前角不变。

② 检验前刀面与滚刀轴线的平行度（直槽）或前刀面导程误差（螺旋槽）。

③ 检验容屑槽的圆周齿距误差。

④ 检验前刀面径向误差。

5. 滚齿加工常见缺陷及解决方法

滚切齿轮属于展成法，可将其看作无啮合间隙的齿轮与齿条传动，但这种最常用的齿轮加工的方式存在一定的缺陷。齿轮加工中滚齿加工的常见缺陷、主要原因及解决方法见表 7-2。

表 7-2 齿轮加工中滚齿加工的常见缺陷、主要原因及解决方法

常见缺陷	主要原因	解决方法
齿数不正确	① 分齿交换齿轮调整不正确； ② 滚刀选用错误； ③ 工件毛坯尺寸不正确； ④ 滚切斜齿轮时，附加运动方向不对	① 重新调整分齿交换齿轮，并检查中间轮加置是否正确； ② 合理选用滚刀； ③ 更换工件毛坯； ④ 增加或减少差动交换齿轮中的中间轮
齿形不正常（1）：齿面出棱	滚刀齿形误差太大或瞬时速比变化大，工件缺陷原因有四种： ① 滚刀刃磨后，刀齿等分性差； ② 滚刀轴向窜动大； ③ 滚刀径向跳动大； ④ 滚刀已钝	主要方法：着眼于滚刀刃磨质量，滚刀安装精度以及机床主轴的几何精度。 ① 控制滚刀刃磨质量； ② 保证滚刀的安装精度，安装滚刀时不能敲击；垫圈端面要平整；螺母端面要垂直；锥孔内部应清洁；托架装上后，不能留间隙； ③ 复查机床主轴的旋转精度，并修复调整滚刀主轴轴承，尤其是止推垫片； ④ 更换新刀
齿形不正常（2）：齿形不对称	① 滚刀安装不对中； ② 滚刀刃磨后，前刃面的径向误差大； ③ 滚刀刃磨后，螺旋角或导程误差大； ④ 滚刀安装角的误差太大	① 用"啃刀花"法或对刀规对刀； ② 控制滚刀刃磨质量； ③ 重新调整滚刀的安装角
齿形不正常（3）：齿形角不对	① 滚刀本身的齿形角误差太大； ② 滚刀刃磨后，前刃面的径向性误差大； ③ 滚刀安装角的误差大	① 合理选用滚刀的精度； ② 控制滚刀的刃磨质量； ③ 重新调整滚刀的安装角
齿形不正常（4）：齿形周期性误差	① 滚刀安装后，径向跳动或轴向窜动大； ② 机床工作台回转不均匀； ③ 跨轮或分齿交换齿轮安装偏心或齿面磕碰； ④ 刀架滑板有松动； ⑤ 工件装夹不合理产生振摆	① 控制滚刀的安装精度； ② 检查机床工作台分度蜗杆的轴向窜动，并调整修复； ③ 检查跨轮及分齿交换齿轮的安装及运转状况； ④ 调整刀架滑板的塞铁； ⑤ 合理选用工件装夹的正确方案
齿圈径向跳动超差	工件内孔中心与机床工作台回转中心不重合。 (1) 有关机床、夹具方面： ① 工作台径向跳动大； ② 心轴磨损或径向跳动大； ③ 上下顶针有偏差或松动； ④ 夹具定位端面与工作台回转中心线不垂直； ⑤ 工件装夹元件，例如垫圈和并帽精度不够。 (2) 有关工件方面： ① 工件定位孔直径超差； ② 用找正工件外圆安装时，外圆与内孔的同轴度超差； ③ 工件夹紧刚性差	着眼于控制中心工作台的回转精度与工件的正确安装。 (1) 有关机床和夹具方面： ① 检查并修复工作台回转导轨； ② 合理使用和保养工件心轴； ③ 修复后立柱及上顶针的精度； ④ 夹具定位端与工作台回转中心线不垂直； ⑤ 提高工件装夹元件精度，例如垫圈和并帽。 (2) 有关工件方面： ① 控制工件定位孔的尺寸精度； ② 控制工件外圆与内孔的同轴度误差； ③ 夹紧力应施于加工刚性足够的部位
齿向误差超差	滚刀垂直进给方向与齿坯内孔轴线方向偏斜太大。加工斜齿轮时，还有附加运动的不正确。 (1) 有关机床和夹具方面： ① 立柱三角导轨与工作台轴线不平行； ② 工作台端面跳动大；	着眼于控制机床几何精度和工件的正确安装，下列第④⑤⑥⑦条，主要适用于加工斜齿轮。 (1) 有关机床和夹具方面： ① 修复立柱精度，控制机床热变形； ② 修复工作台的回转精度；

常见缺陷	主要原因	解决方法
齿向误差超差	③ 上、下顶尖不同轴； ④ 分度蜗轮副的啮合间隙大； ⑤ 分度蜗轮副的传动存在有周期性误差； ⑥ 垂直进给丝杆螺距误差大； ⑦ 分齿、差动交换齿轮误差大。 （2）有关工件方面： ① 齿坯两端面不平行； ② 工件定位孔与端面不垂直	③ 修复后立柱或上、下顶针的精度； ④ 合理调整分度蜗轮副的啮合间隙； ⑤ 修复分度蜗轮副的零件精度； ⑥ 垂直进给丝杠因使用磨损而精度达不到时，应及时更换； ⑦ 应控制差动交换齿轮的计算误差。 （2）有关工件方面： ① 控制齿坯两端面的平行度误差； ② 控制齿坯定位孔与端面的垂直度
齿距累积误差超差	滚齿机工作台每一转中回转不均匀的最大误差太大： ① 分度蜗轮副传动精度误差； ② 工作台的径向跳动与端面跳动大； ③ 分齿交换轮啮合太松或存在磕碰现象	着眼于分齿运动链的精度，尤其是分度蜗轮副与滚刀两方面： ① 修复分度蜗轮副传动精度； ② 修复工作台的回转精度； ③ 检查分齿交换齿轮的啮合松紧和运转状况
齿面缺陷（1）：撕裂	① 齿坯材质不均匀； ② 齿坯热处理方法不当； ③ 切削用量选用不合理而产生积屑瘤； ④ 切削液效能不高； ⑤ 滚刀用钝，不锋利	① 控制齿坯材料质量； ② 正确选用热处理方法，尤其是调质处理后的硬度，建议采用正火处理； ③ 正确选用切削用量，避免产生积屑瘤； ④ 正确选用切削液，尤其要注意它的润滑性能； ⑤ 更换新刀
齿面缺陷（2）：啃齿	由于滚刀与齿坯的相互位置发生突然变化所造成： ① 立柱三角导轨太松，造成滚刀进给突然变化，立柱三角导轨太紧，造成爬行现象； ② 刀架斜齿轮啮合间隙大； ③ 油压不稳定	寻找和消除一些突然因素： ① 调整立柱三角导轨：要求紧松适当； ② 刀架若因使用时间久而磨损，应更换； ③ 合理清洁、保养机床，使油路保持畅通，油压保持稳定
齿面缺陷（3）：振纹	由于振动造成： ① 机床内部某传动环节的间隙大； ② 工件与滚刀的装夹刚性不够； ③ 切削用量选用太大； ④ 后托架安装后，间隙大	寻找与消除振动源： ① 对于使用时间久而磨损严重的机床及时大修； ② 提高滚刀的装夹刚性。带柄滚刀应尽量选用大轴径等。提高工件的装夹刚性，如尽量加大支撑端面，支撑端面（包括工件）只准内凹，缩短上下顶针间距离； ③ 正确选用切削用量； ④ 正确安装后托架
齿面缺陷（4）：鱼鳞	齿坯热处理不当，其中在加工调质处理后的钢件时比较多见	① 酌情控制调质处理的硬度； ② 建议采用正火处理作为齿坯的预先热处理

巩固训练

用齿轮滚齿加工如图 7-10 所示的直齿圆柱齿轮，根据齿轮图样的要求，按表 7-3 所示步骤进行加工。

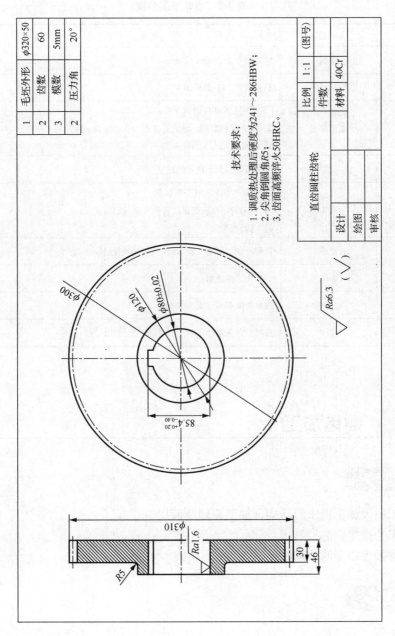

1	毛坯外形	φ320×50
2	齿数	60
3	模数	5mm
2	压力角	20°

技术要求：
1. 调质热处理后硬度为241～286HBW；
2. 尖角倒圆角R5；
3. 齿面高频淬火50HRC。

比例	1:1	(图号)
件数		
材料	40Cr	

直齿圆柱齿轮

设计		
绘图		
审核		

图7-10　直齿圆柱齿轮

齿轮加工步骤见表 7-3。

表 7-3　齿轮加工步骤

序号	步骤	内容	备注
1	备料	锻件尺寸 ϕ320mm×50mm	
2	热处理	整体调质 241~286HBW	
3	车削加工	① 采用 CA6140 卧式车床； ② 车外圆和端面，钻内孔并车内孔，倒角去除毛刺； ③ 用外圆车刀和内孔车刀	
4	检验	检验齿坯端面和内孔的精度	
5	滚齿	① 采用 YM3180H 型滚齿机； ② 将齿轮坯料安装在滚齿机上进行滚齿加工； ③ 选择滚齿刀	
6	检验	齿圈径向圆跳动、轴向圆跳动、公法线长度、公差	
7	插削	插削加工内键槽	
8	热处理	齿形局部高频淬火 50HRC	
9	检验	齿圈径向圆跳动、轴向圆跳动、公法线长度、公差	

任务二　插齿加工

任务目标▶

1. 认识插齿加工机床的结构、加工原理及应用。
2. 认识插齿加工的刀具。
3. 了解插齿加工的缺陷。

任务要求▶

图 7-11 所示为各种齿轮。以插齿刀作为刀具来加工齿轮、齿条等齿形，这种加工方法称为插齿。插齿所用的机床称为插齿机。

本任务将介绍插齿的工作原理、插齿的加工特点及插齿机的结构。

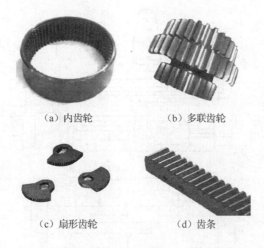

（a）内齿轮　　　　（b）多联齿轮

（c）扇形齿轮　　　　（d）齿条

图 7-11　齿轮

任务分析▶

一、插齿机

1. 插齿机的工作原理

图 7-12 所示为常见的插齿机，图 7-13 所示为它的结构示意图。下面我们来学习插齿机的工作原理。

图 7-12　常见的插齿机

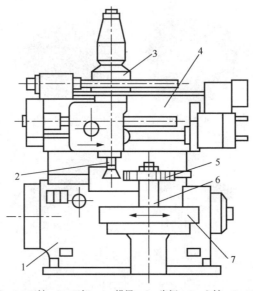

1—床身；2—刀轴；3—刀架；4—横梁；5—齿坯；6—心轴；7—工作台。

图 7-13   插齿机结构示意图

插削过程如同一对齿轮做无间隙的啮合运转，其中一个是工件，另一个是特殊的齿轮（插齿刀）。插齿刀本身如同一个修正齿轮，它在磨损后可重复刃磨使用。插齿刀的模数和压力角必须与被加工齿轮的模数和压力角相同，当用圆盘刀插削斜齿轮时，两者的螺旋角必须相同，加工外齿轮时两者螺旋方向相反；加工内齿轮时两者螺旋方向相同。插齿刀每个刀齿的渐开线齿廓和齿顶都做出刀刃：一个顶刃和两个侧刃，它们有前角和后角。为了在切削时实现滚切过程，插齿刀和齿坯（工件）按不同的方向绕其自身的轴线回转，它们的相互关系为

$$n_{工} / n_{刀} = z_{刀} / z_{工}$$

式中， $n_{工}$ ——工件转速；

$n_{刀}$ ——插齿刀转速；

$z_{工}$ ——工件齿数；

$z_{刀}$ ——插齿刀齿数。

滚切运动是形成工件渐开线齿廓所必需的，插齿刀轴的上下往复运动（主运动）形成齿线。此外，整个加工过程还需要插齿刀相对工件做径向进给（切入）运动。这个运动根据具体情况可分为一次至多次进行。若采用一次进给，则一次进给到全齿深时为止。此后插齿刀与工件继续对滚，当工件转过一整转时，全部轮齿切到全齿深，加工结束。刀架或工作台退出并回到原始位置。

通常，插齿刀轴向下运动为工作行程，向上运动为空行程。滚切运动、进给运动和刀轴往复运动同时进行，为了避免插齿刀刮伤已加工的工件表面，在插齿刀空行程时，插齿

刀相对工件还必须有一个让刀运动，而在工作行程开始时插齿刀（或工件）必须回到原来的位置。

（1）径向进给运动

插齿刀每往复运动一次，刀架带动插齿刀向工件中心径向进给一次。

（2）让刀运动

由工作台的摆动实现。

（3）主运动

插齿刀的上、下往复直线运动。

（4）分齿运动

插齿刀与工件分别绕自身轴线回转的啮合运动。

插齿运动如图 7-14 所示。

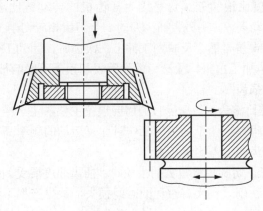

图 7-14　插齿运动

2. 插齿的加工特点

插齿和滚齿相比，在加工质量、生产率和应用范围等方面都有其特点。

1）插齿的齿形精度比滚齿高。滚齿时，形成齿形包络线的切线数量只与滚刀容屑槽的数目和基本蜗杆的头数有关，它不能通过改变加工条件而增减；插齿时，形成齿形包络线的切线数量由圆周进给量的大小决定，并可以选择。此外，制造齿轮滚刀时是近似造型的蜗杆来替代渐开线基本蜗杆，这就有造型误差。而插齿刀的齿形比较简单，可通过高精度磨齿获得精确的渐开线齿形，所以插齿可以得到较高的齿形精度。

2）插齿后齿面的粗糙度比滚齿高。这是因为滚齿时，滚刀在齿向方向上做间断切削，形成如图 7-15（a）所示的鱼鳞状波纹；插齿时，插齿刀沿齿向方向的切削是连续的，所以插齿时齿面粗糙度较高，如图 7-15（b）所示。

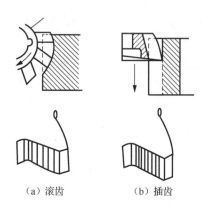

（a）滚齿 　　　（b）插齿

图 7-15　滚齿与插齿的比较

3）插齿的运动精度比滚齿差。这是因为插齿机的传动链比滚齿机多了一个刀具蜗轮副，即多了一部分传动误差。另外，插齿刀的一个刀齿相应切削工件的一个齿槽，因此，插齿刀本身的周节累积误差必然会反映到工件上。滚齿时，因为工件的每一个齿槽都是由滚刀相同的 2～3 圈刀齿加工出来，故滚刀的齿距累积误差不影响被加工齿轮的齿距精度，所以滚齿的运动精度比插齿高。

4）插齿的齿向误差比滚齿大。插齿时的齿向误差主要决定于插齿机主轴回转轴线与工作台回转轴线的平行度误差。由于插齿刀工作时往复运动的频率高，使得主轴与套筒之间的磨损大，因此插齿的齿向误差比滚齿大。

5）插齿的生产率低。切制模数较大的齿轮时，插齿速度要受到插齿刀主轴往复运动惯性和机床刚性的制约；切削过程又有空程的时间损失，故生产率不如滚齿高。只有在加工小模数、多齿数并且齿宽较窄的齿轮时，插齿的生产率才比滚齿高。

所以就加工精度来说，对运动精度要求不高的齿轮，可直接用插齿来进行齿形精加工，而对于运动精度要求较高的齿轮和剃前齿轮（剃齿不能提高运动精度），则用滚齿较为有利。

二、插齿刀

1. 插齿刀的分类

标准直齿插齿刀如图 7-16 所示。

1）盘形插齿刀用于加工外齿轮和大径内齿轮，有 $\phi75mm$、$\phi100mm$、$\phi125mm$、$\phi160mm$、$\phi200mm$ 等规格。

2）碗形插齿刀用于加工多联齿轮和内齿轮，有 $\phi50mm$、$\phi75mm$、$\phi100mm$、$\phi125mm$ 等规格。

3）锥柄插齿刀用于加工内齿轮，有 $\phi25mm$（m1～2.75）、$\phi38mm$（m1～3.75）等规格。

图 7-16　标准直齿插齿刀

2. 斜齿插齿刀（图 7-17）

常用的斜齿插齿刀有ϕ100mm 盘形插齿刀和ϕ38mm 锥柄插齿刀，螺旋角β均有 15°和 23°两种。

图 7-17　盘形插齿刀

3. 人字齿轮插齿刀

人字齿轮插齿刀用于加工无退刀槽的人字齿轮，如图 7-18 所示。

人字齿轮插齿刀有ϕ100mm、ϕ150mm、ϕ180mm 等规格，螺旋角β为30°。

图 7-18　人字齿轮插齿刀

———————— 巩固训练 ————————

齿轮插齿加工如图 7-10 所示的直齿圆柱齿轮，根据齿轮图样的要求，按表 7-4 所示步骤进行加工。

齿轮插齿加工步骤见表 7-4。

表 7-4　齿轮插齿加工步骤

序号	步骤	内容	备注
1	备料	锻件尺寸 ϕ320mm×50mm	
2	热处理	整体调质 241~286HBW	
3	车削加工	① 采用 CA6140 卧式车床； ② 车外圆和端面，钻内孔并车内孔，倒角去除毛刺； ③ 用外圆车刀和内孔车刀	
4	检验	检验齿坯端面和内孔的精度	
5	插齿	① 采用 Y54A 插齿机； ② 将齿轮坯料安装在插齿机上进行插齿加工； ③ 选择插齿刀	
6	检验	齿圈径向圆跳动、轴向圆跳动、公法线长度、公差	
7	插削	插削加工内键槽	
8	热处理	齿形局部高频淬火 50HRC	
9	检验	齿圈径向圆跳动、轴向圆跳动、公法线长度、公差	

项目八

其他先进加工技术

项目描述 〈〈〈

随着科技的进步，制造业加工技术不断地创新，新兴加工方法与传统加工方法有明显的不同。传统的通用机床柔性好，但效率低下；传统的专用机床，效率高，但对零件的适应性差、刚性大、柔性差，很难适应市场经济下的激烈竞争带来的产品频繁改型。数控机床加工，可以通过改变程序实现自动化操作，柔性好，效率高，因此数控机床能很好适应市场竞争。

项目目标 〈〈〈

1. 了解数控机床的种类。
2. 熟悉数控机床的加工范围。

任务 数控加工技术

1. 熟悉数控机床的种类。
2. 认识数控车床，了解其加工范围。
3. 熟悉数控车床加工的刀具及夹具。

数控车床的工艺范围要比普通车床宽得多，本次任务以典型零件"三潭印月塔"（图 8-1 所示）为例，了解数控车床的基本结构，了解程序输入的基本操作方法。

图 8-1 三潭印月塔

一、数控机床的基础知识

数控即数字控制（numerical control，NC），是 20 世纪中期发展起来的一种自动控制技术，是用数字化信号进行控制的一种方法。

数控机床是用数字化信号对机床的运动及其加工过程进行控制的机床，或者说是装备了数控系统的机床。

1. 数控加工的工作过程

数控加工的实质是数控机床按照事先编制好的加工程序，通过数字控制过程，自动地对工件进行加工。数控加工的过程示意图如图 8-2 所示。

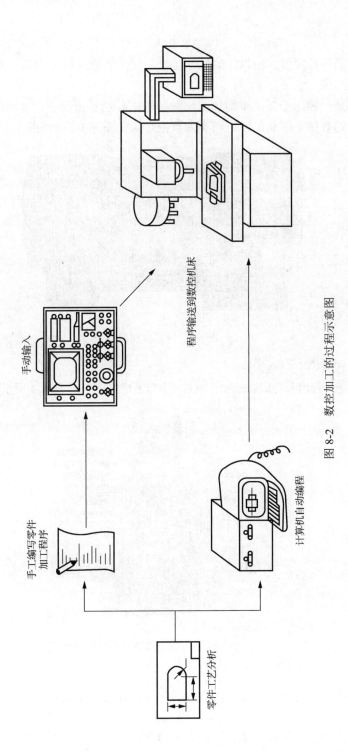

图 8-2 数控加工的过程示意图

2. 数控机床的分类

数控机床的品种很多，按机床的工艺用途不同，通常可以分为以下几种。

（1）数控车床

数控车床是一种用于完成车削加工的数控机床。通常情况下，也将以车削加工为主并辅助铣削加工的数控车削加工中心归类为数控车床，图 8-3 所示为卧式数控车床。

图 8-3 卧式数控车床

（2）数控铣床

数控铣床是一种用于完成铣削加工或镗削加工的数控机床，图 8-4 所示为立式数控铣床。

图 8-4 立式数控铣床

（3）数控加工中心

数控加工中心是指带有刀库和刀具自动交换装置的数控机床，图 8-5 所示为立式加工中心。

除了以上几种常见数控机床外，还有数控钻床、数控线切割、数控电火花、数控精雕机、数控磨床等加工机床。

图 8-5　立式加工中心

二、数控车床工作原理

1. 数控车床的组成

现代数控车床的数控系统都采用模块化结构，车床主要由计算机数控系统和车床本体组成。CK6136 数控车床外形图如图 8-6 所示，数控车床的结构组成如图 8-7 所示。

图 8-6　CK6136 数控车床

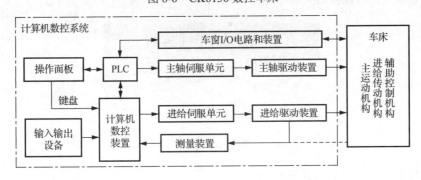

图 8-7　数控车床的结构组成

编程人员将工件加工程序以一定的格式和代码存储在一种载体上，通过数控车床的输入装置，将程序信息输入到数控装置内。数控车床控制面板如图 8-8 所示。

图 8-8　数控车床控制面板

伺服系统包括主轴伺服单元、进给伺服单元、车床控制线路、功率放大线路及驱动装置，它接受数控装置发来的各种动作命令，驱动数控车床传动系统的运动。数控车床伺服放大器如图 8-9 所示。

图 8-9　数控车床伺服放大器

测量装置的作用是通过位置传感器将伺服电动机的角位移或数控车床执行机构的直线位移转换成电信号，输送给数控装置，使其与指令信号进行比较，并由数控装置发出指令，纠正所产生的误差。光栅是数控车床上常用的测量装置，如图 8-10 所示。

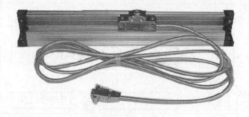

图 8-10　光栅

2. 数控车床加工工艺范围及特点

1）数控车床加工工艺范围。数控车床是数控机床中应用最广泛的一种，在数控车床上可以加工各种带有复杂素线的回转体零件。图 8-11 所示为数控车床的加工范围。

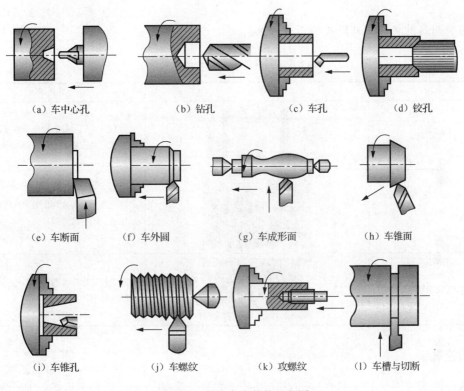

| (a) 车中心孔 | (b) 钻孔 | (c) 车孔 | (d) 铰孔 |

| (e) 车断面 | (f) 车外圆 | (g) 车成形面 | (h) 车锥面 |

| (i) 车锥孔 | (j) 车螺纹 | (k) 攻螺纹 | (l) 车槽与切断 |

图 8-11 数控车床的加工范围

2) 数控车床加工的特点如下。
① 自动化程度高，可以减轻劳动者的体力劳动强度。
② 加工的零件质量高且稳定。
③ 生产率高。
④ 便于新产品研制和改型。
⑤ 加工成本较高。
⑥ 维修要求高。

三、数控车床刀具的特点

1. 对刀具的要求

1) 精度较高，寿命长，尺寸稳定，变化小。
2) 刀柄应为标准系列，可以实现快速换刀。
3) 能很好地控制切屑的折断、卷曲和排出。
4) 具有很好的可冷却性能。

2. 刀具的分类

各类刀具的名称、外形及特点见表 8-1。

表 8-1 刀具的名称、外形及特点

名称	外形	特点
整体式车刀		具有抗弯强度高、冲击韧性好，制造简单和刃磨方便、切削刃锋利等优点
焊接式车刀		将硬质合金刀片焊接的方法固定在刀体上，经刃磨而成
机械加固式车刀		对于长径比较大的内径刀杆，具有良好的抗震结构

四、数控铣床

数控铣床（图 8-12）是在一般铣床基础上发展起来的一种自动加工设备，是一种加工功能很强的数控机床。数控铣床加工是把刀具与工件的运动坐标分割成最小的单位量，由数控系统根据工件程序的要求，使各坐标移动若干个最小位移量，从而实现刀具与工件的相对运动，完成零件的加工。

图 8-12 数控铣床

数控铣床的加工特点如下。

1）零件加工的适应性强，灵活性好，能加工轮廓形状特别复杂或难以控制尺寸的零件，如模具类零件、壳体类零件等。

2）能加工普通机床无法加工或很难加工的零件，如用数学模型描述的复杂曲线零件以及三维空间曲面类零件。

3）能加工一次装夹定位后，需进行多道工序加工的零件。

4）加工精度高，加工质量稳定可靠。

5）生产自动化程度高，可以减轻操作者的劳动强度，有利于生产管理自动化。

6）生产效率高。

7）从切削原理上讲，无论是端铣或是周铣都属于断续切削方式，而不像车削那样连续切削，因此对刀具的要求较高，应具有良好的抗冲击性、韧性和耐磨性。在干式切削状况下，还要求有良好的红硬性。

———— 巩固训练 ————

根据图 8-13 所示的"三潭印月塔"图样，将加工程序输入到数控系统中并模拟加工。

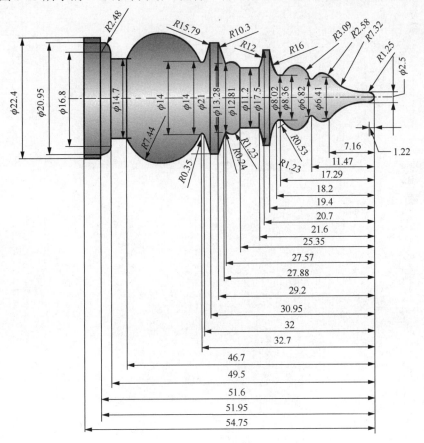

图 8-13　"三潭印月塔"图样

参 考 文 献

曹元俊，郭溪茗，2007. 金属加工常识[M]. 2 版. 北京：高等教育出版社.

葛金印，2012. 机械制造技术基础——基本常识[M]. 2 版. 北京：高等教育出版社.

王淑君，2013. 机械加工技术[M]. 北京：中国人民大学出版社.

王先逵，2019. 机械制造工艺学[M]. 北京：机械工业出版社.

朱跃建，2016. 机械加工技术[M]. 北京：机械工业出版社.